远洋吹填岛礁机场岩土工程研究与实践

李建光　王笃礼　刘少波◎著

中国建筑工业出版社

图书在版编目（CIP）数据

远洋吹填岛礁机场岩土工程研究与实践 / 李建光，
王笃礼，刘少波著. — 北京：中国建筑工业出版社，
2024.5
ISBN 978-7-112-29781-8

Ⅰ. ①远⋯ Ⅱ. ①李⋯ ②王⋯ ③刘⋯ Ⅲ. ①珊瑚岛
–砂土地基–吹填造地–地基处理–应用–机场–岩土工
程–研究 Ⅳ. ①TU248.6

中国国家版本馆 CIP 数据核字（2024）第 082981 号

责任编辑：杨　允　李静伟
责任校对：张惠雯

远洋吹填岛礁机场岩土工程研究与实践

李建光　王笃礼　刘少波　著

*
中国建筑工业出版社出版、发行（北京海淀三里河路 9 号）
各地新华书店、建筑书店经销
国排高科（北京）信息技术有限公司制版
河北鹏润印刷有限公司印刷
*
开本：787 毫米×1092 毫米　1/16　印张：12¾　字数：318 千字
2024 年 5 月第一版　　2024 年 5 月第一次印刷
定价：**79.00** 元
ISBN 978-7-112-29781-8
（42845）

马尔代夫维拉纳国际机场改扩建工程主要包括新建 1 条可以起降 A380-800 级大型民航客运飞机的 4F 级跑道、联络道、东西两侧机坪等，是"一带一路"倡议的重要节点工程，是中国—马尔代夫在"21 世纪海上丝绸之路"的标志性项目。整个机场大面积建设在吹填珊瑚砂形成的岛礁之上，是印度洋上最大的远洋珊瑚砂吹填岛礁机场工程。

对于珊瑚砂吹填岛礁大型民用机场工程，国内外相关工程建设经验不足，有许多关键技术难题需要解决和突破。为此，在马尔代夫维拉纳国际机场改扩建工程的岩土工程勘察、地基处理试验咨询及设计、工程监测过程中，开展了吹填珊瑚砂的物理力学特性、地基处理方法、地基检测方法和地基沉降计算方法研究。

本书是在中航勘察设计研究院有限公司马尔代夫维拉纳国际机场改扩建工程科研成果和工作成果的基础上整理完成的。本书共分为 6 章，第 1 章介绍了吹填岛礁机场的研究背景、主要研究内容和国内外研究现状；第 2 章介绍了吹填岛礁的工程地质条件；第 3 章介绍了珊瑚砂岩土工程特性；第 4 章介绍了吹填珊瑚砂场地地基处理试验研究过程和研究成果；第 5 章介绍了吹填珊瑚砂场地道基沉降计算方法；第 6 章介绍了工程监测成果。

本书编写过程中查阅和引用了国内外一些专家和学者的研究成果和著作，主要文献已列出，但难免遗漏，在此谨向文献作者表示衷心的感谢。

由于吹填岛礁工程建设的大力发展，针对珊瑚砂的岩土工程研究也在不断取得新成果，有关新理论、新方法和新技术层出不穷，限于编者理论水平和实践经验有限，书中难免会出现错、漏和不当之处，恳请各位读者及同行批评指正。

编者
2024 年 1 月

CONTENTS 目 录

第 1 章

绪论

珊瑚砂通常是指海洋生物（珊瑚、海藻、贝壳等）成因的富含碳酸钙或其他难溶碳酸盐类物质的特殊岩土介质。它的主要矿物成分为碳酸钙（> 50%），是长期在饱和的碳酸钙溶液中，经物理、生物化学及化学作用过程（其中包括有机质碎屑的破碎和胶结过程，以及一定的压力、温度和溶解度的变化过程），形成的一种与陆相沉积物有很大差异的碳酸盐沉积物。由于其沉积过程大多未经长途搬运，保留了原生生物骨架中的细小孔隙等，形成的土颗粒多孔隙（含有内孔隙）、形状不规则、易破碎、颗粒易胶结等，使得其工程力学性质与一般陆相、海相沉积物相比有较明显的差异。珊瑚砂的主要物质来源为造礁珊瑚、珊瑚藻及其他海洋生物的骨架残骸在原地沉积或近源搬运沉积[1]。

另有研究认为，珊瑚砂是珊瑚礁顶部的松散未胶结的钙质沉积物，主要成分是珊瑚碎屑，含部分珊瑚藻、贝壳及有虫孔等生物的碎屑，碳酸钙含量超过 50%；形成珊瑚砂的主要因素是生物作用，即珊瑚礁遭鹦鹉鱼啃食之后，将不能消化的钙质颗粒经粪便排出后形成，占珊瑚砂总量的 80% 左右，另一部分是由海浪对珊瑚礁的破碎作用形成的[2]。

全球珊瑚砂的分布与珊瑚礁的分布基本一致，主要在南纬 30° 和北纬 30° 之间的热带或亚热带气候的大陆架和海岸线一带。加勒比海北部海域（佛罗里达南部海域、美国墨西哥湾、百慕大群岛、巴哈马群岛、特克斯及凯科斯群岛等）、加勒比海西部海域（墨西哥、伯利兹海域等）、加勒比海东部海域和大西洋海域（海地岛、多米尼加、波多黎各岛屿等）、印度洋中西部海域、东南亚台湾海峡、我国南部海域、太平洋群岛大部分海域均有珊瑚砂的分布。

20 世纪初，随着海底油气资源的开发，民用、工业及军事的需要，许多国家开始大面积采用珊瑚砂填海造陆，海洋平台与岛礁工程兴起。20 世纪 40 年代，美国、澳大利亚等国就已经在太平洋的珊瑚礁岛屿上就地取材，使用珊瑚砂等珊瑚礁碎屑为填料修建人工岛机场跑道和公路。到 20 世纪 60—80 年代，许多国家和地区的海洋开发工程都曾遇到过珊瑚砂，但因缺乏对其特殊性质的充分认知，导致建设开发工程中出现了一系列问题。有据可依的涉及珊瑚砂引起工程问题的区域有澳大利亚的西北大陆架北 Rankin A、B 石油台，巴斯海峡（Bass Strait），东部大陆架大堡礁（Great Barrier Reef）和白头礁（White Tip Reef），巴西南部海域 Campos 和 Sergipe 盆地，法国西部 Quiou、Pisiou 和 Plouasne，北美佛罗里达海域，中美洲的墨西哥湾、加勒比海，中东的红海，印度西部海域，日本西南岛屿，南非的 Mossel 海湾南部及菲律宾 Matinloc 平台等。由此，人们开始日益重视对于珊瑚砂工程力学特性的研究。1988 年，在澳大利亚珀斯（Perth）召开了首届国际钙质沉积物工程特性学术会议，从钙质沉积物的成因和结构、钙质沉积物的钻探取样和室内土工试验、现场原位测试、桩基础设计及承载力测试评价、平台设计等方面全面总结了前期的研究成果，这是国际上钙质砂的第一个研究高峰。

我国对于珊瑚砂的相关研究始于 20 世纪 70 年代后期，在南海进行国防建设过程中开始遇到珊瑚砂问题，为此对南海诸岛珊瑚砂的工程力学性质进行了一些研究，研究内容主要集中于珊瑚混凝土特性试验、钢板桩设计与施工以及浅基础设计参数的选定等工程应用方面，在施工中积累了一些施工经验，但并未对珊瑚砂进行深入研究。

直到 20 世纪 80 年代，我国的珊瑚砂研究迎来了快速发展阶段。在"七五""八五"南沙科学考察中，首次将珊瑚砂作为一种具有特殊工程力学性质的对象来研究。中国科学院武汉岩土力学研究所负责了"八五""九五"珊瑚礁工程地质攻关课题，分别在珊瑚砂基本物理力学性质、动力学特性、颗粒破碎特性以及桩基工程特性等方面开展了全面系统的研究，取得了丰硕的成果，已出版专著《南沙群岛珊瑚礁工程地质》（科学出版社，1997），在国内开创了珊瑚礁工程地质及其物理力学性质的研究领域。

在工程应用方面，1988—1991 年，我国成功在西沙群岛的永兴岛上建设了南海的第一个机场。1992 年北京煤炭科学研究院在西沙永兴岛珊瑚礁地基上进行高压喷射注浆技术修建地下集水池获得成功。1996 年铁道部科学研究院铁建所利用珊瑚砂作回填地基材料进行研究。1997 年东北大学杜嘉鸿等人利用水射流技术处理珊瑚礁地基防渗工程取得成功。2008 年湖北省神龙地质勘察院承担了中国援建巴哈马国家体育场项目地基处理。2013 年我国开始大规模进行吹砂填岛工程，于南沙群岛相继建造了永暑礁、美济礁及渚碧礁三大机场。

21 世纪是海洋的世纪，陆地空间的开发和利用已遇到瓶颈，全球粮食、资源、能源供应紧张、环境恶化与人口迅速增长的矛盾日益突出，开发利用海洋中丰富的资源，已成为历史发展的必然趋势。

2013 年，随着"一带一路"倡议的提出，"一带一路"沿线国家进入快速发展阶段。同时"一带一路"沿线国家大量分布的珊瑚砂，是吹填筑岛的首选材料，科学地利用珊瑚砂对于"一带一路"沿线国家的发展建设具有一定的积极意义。

1.1 研究背景及意义

珊瑚砂在世界范围内广泛分布，随着国防战略和岛礁旅游业开发的需要，越来越多的建（构）筑物开始在岛礁和海上建设，规模也越来越大，如何就地取材，有效地利用珊瑚砂作为工程建设材料成为关键。

作为中国、马尔代夫两国领导人见证签约的马尔代夫维拉纳国际机场改扩建工程，是"一带一路"倡议的重要节点工程，是中国—马尔代夫在"21 世纪海上丝绸之路"的标志性工程。

马尔代夫维拉纳国际机场改扩建工程，主要包括新建 1 条可以起降 A380-800 级大型民航客运飞机的 4F 级跑道、联络道、东西两侧机坪等。机场改扩建完成后将大幅提高旅客接纳能力，并为当地创造大量就业机会，对马尔代夫的社会经济和旅游业发展具有重大的战略意义。

面对如此大型的 4F 级机场，作为岛国的马尔代夫面临的最大问题是土地资源稀缺，土地成了机场建设的最大难题。马尔代夫维拉纳国际机场所在的 Hulhule 机场岛陆地面积在长度方向（南北向）、宽度方向（东西向）上均不能满足布置 3400m×60m 的新跑道以及联络道的需求。根据设计方案，新建飞行区总占地面积约 235hm²，其中约 75hm² 的面积需要填海造陆，这将是印度洋上最大的珊瑚砂吹填岛礁机场工程。

如此大面积的填海造陆工程，机场岛周边丰富的珊瑚砂资源是最好的选择。然而，当前国内外相关的工程建设实例仍然很少，数据资料匮乏，对于珊瑚砂的力学特性和工程特性的研究尚且不足。

此外，受国际形势影响，马尔代夫维拉纳国际机场改扩建工程的施工工期非常短，新填海造陆区域的地基处理时间有限，需要在场道工程施工前完成地基处理，以满足上部结构对地基承载力和变形要求。

对于珊瑚砂吹填岛礁大型民用机场工程，现阶段仍有如下技术难题：

（1）无类似工程经验可以借鉴，石英砂的工程经验不能借用。

（2）工期紧张，常规振冲、强夯等地基处理方式无法满足工期需要。

（3）国内外对珊瑚砂地层物理力学性质的研究仍处在试验阶段，工程应用成果较少。

（4）国内外有关珊瑚砂吹填岛礁大型民用机场跑道地基快速处理方法、沉降计算方法、沉降控制技术的研究成果和工程经验不足。

（5）国内外有关珊瑚砂吹填地基的岩土工程勘察设计无专门规范、标准可以遵循。

因此，对珊瑚砂的物理力学性质、压缩与沉降特性以及地基处理方法等特性进行深入研究十分必要。

1.2　研究内容和研究路线

马尔代夫维拉纳国际机场改扩建工程是集岩土工程勘察、地基处理试验咨询及设计、工程监测为一体的全生命周期工程。为了解决珊瑚砂吹填岛礁机场岩土工程问题，在开展岩土工程勘察、地基处理试验咨询等相关工作的同时，开展了一系列研究工作。主要研究内容如下：

（1）吹填珊瑚砂的物理力学特性研究。

（2）吹填珊瑚砂地基处理及地基检测方法研究。

（3）吹填珊瑚砂地基沉降计算方法研究。

主要研究路线见图 1.2-1。

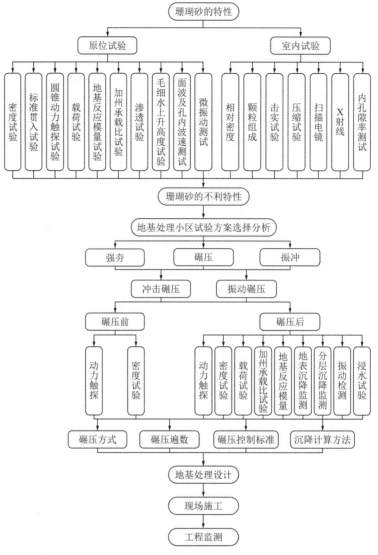

图 1.2-1　主要研究路线

1.3　国内外研究现状

　　珊瑚砂是由珊瑚碎块、贝壳碎片、藻类和其他海洋生物碎屑等沉积形成的一种特殊土，其复杂的物质来源及沉积过程决定了其具有形态多样性、颗粒形状不规则、高孔隙率和内孔隙、颗粒易破碎等特殊的物理性质，从而使其表现出与石英砂不同的力学性质。因此，国内外学者们采用了室内试验、原位测试等多种手段，对珊瑚砂的物理力学性质展开研究。

1.3.1　珊瑚砂室内试验研究

1.颗粒形貌特征

颗粒形貌是影响砂土力学行为的重要因素之一，对砂土的孔隙比、单颗粒强度、压缩及剪切特性和抗液化性能等物理力学特性都有较大影响。另外，颗粒形貌通常反映了砂土颗粒的形成历史，隐含其形成过程中的机械及化学作用类型。

珊瑚砂由于其特殊的生物成因及形成环境，颗粒形状极不规则，且棱角分明。珊瑚砂颗粒形状大致可分为块状、片状、棒状、枝状和原生贝壳状等，其中块状颗粒质量占比最大，片状次之，棒状、枝状和原生贝壳状颗粒较少。从单颗粒的结构特征来看，这些颗粒都保留了大量的原生生物结构。

块状颗粒主要由珊瑚礁块破碎而成，外形比较复杂，有些外表面含丰富的孔隙而显得粗糙，有些外表比较光滑；片状和原生贝壳状颗粒主要来自贝壳碎片，结构较为致密，很少或基本不含内孔隙，其形状较为规则；棒状和枝状颗粒主要为珊瑚断肢，保留有原生生物形态，以及原生孔隙和溶蚀孔隙，形状也相对规则。

刘崇权[3]认为块状和纺锤状是珊瑚砂的主要颗粒形状。

蒋明镜等[4]利用扫描电镜图像研究珊瑚砂孔隙特性时，发现棒状颗粒二维切片面孔隙度最大，片状颗粒二维切片面孔隙度最小。

曾志军等[5]利用 Image-Pro Plus 处理相机拍摄图片进行了珊瑚砂颗粒形状研究，给出了珊瑚砂颗粒轮廓图谱，提出了一套颗粒形状评价方法，并统计得出片棒状颗粒约占 29%。

金宗川等[6]在珊瑚砂休止角的相关研究中指出，片状颗粒休止角最大，棒状次之，块状最小。

Yang 等[7]利用圆度、球度、棱角度、粗糙度等参数描述珊瑚砂颗粒形貌特征，不同形状的珊瑚砂形貌参数均服从正态分布。

汪轶群等[8]通过电子显微镜获取了珊瑚砂颗粒的几何投影图像，使用圆度和粗糙度 2 个参数对珊瑚砂的颗粒形状进行定义和量化。

陈海洋等[9]采用图像处理技术、常规统计方法和分形理论，对珊瑚砂颗粒的长宽比和分形特性等几何形态进行了研究，结果表明珊瑚砂的长宽比介于 1~3 之间，形维数介于 0.95~1.07 之间；珊瑚砂颗粒的形状具有分形特性，且随着颗粒粒径的减小，分形特性越明显。

2. 颗粒破碎特性

珊瑚砂的矿物成分主要为方解石和文石，单颗粒强度低，颗粒棱角突出，内孔隙丰富，在较低应力水平下即可发生颗粒破碎，主要源于棱角突出容易引起接触点应力集中。影响珊瑚砂颗粒破碎的因素可分为内部因素和外部因素，内部因素是指珊瑚砂的物理性质，包括颗粒形貌、粒径、级配、相对密度等；外部因素是指应力水平、应力路径、排水条件、加载时间等。

珊瑚砂颗粒破碎的主要形式可分为研磨、破裂和破碎。珊瑚砂单颗粒破坏强度和破裂模式依赖于颗粒形貌，块状颗粒为劈裂破坏，片状、棒状、枝状颗粒近似为弯折破坏。

珊瑚砂颗粒破碎是一个复杂的物理过程，破碎程度与应力水平、密实状态和细颗粒含量等密切相关。密实的珊瑚砂颗粒间剪出面积较大，可以抑制应力集中，因此初始孔隙比大的珊瑚砂在压缩过程中颗粒破碎更为明显。珊瑚砂颗粒在低应力水平下会产生相对滑动，并伴随着研磨，颗粒破碎程度较低；高应力水平下珊瑚砂颗粒间摩擦和应力集中明显，颗粒破碎程度加剧。当珊瑚砂中细颗粒含量增大时，细颗粒容易被挤压到孔隙中，使密实度增大，将在一定程度上阻止进一步破碎，珊瑚砂颗粒更多的是发生表面研磨，较少发生破裂或破碎。相比于其他颗粒形貌，片状珊瑚砂中的细颗粒无法填充孔隙，其破碎程度较高。

Ma 等[10]研究了南沙群岛珊瑚砂单颗粒准静态破碎模式，指出随着颗粒尺寸的减小，颗粒破碎模式从表面研磨破坏变为主体脆性破碎。

王新志等[11]研究表明最大干密度随粒径的增大呈现先减小后增加的趋势；在最大干密度的测试中存在明显的颗粒破碎现象，使测试结果偏大；颗粒破碎量随粒径的增加先增加后减小，其中粗砂的破碎量最大。

秦月等[12]通过高压固结试验研究发现加载方式、含水条件等对珊瑚砂颗粒破碎影响显著；颗粒破碎时相对稳定的粒径是 0.25mm，是研究珊瑚砂颗粒破碎的一个重要粒径界限。

Coop[13]使用级配良好的珊瑚砂，进行了一系列不同剪切位移、不同竖向应力的环剪试验。试验中颗粒发生了明显破碎现象，特别是在试样发生较大位移时，砂土级配会到达一个稳定状态，不再随着剪切位移的增加继续发生破碎。这种稳定状态受到施加的应力和初始级配的影响，从而验证了颗粒的破碎不会无限发展下去。

纪文栋等[14]提出颗粒破碎增长率来描述颗粒破碎程度随循环剪切次数的变化情况，发现随着循环剪切次数的增加，珊瑚砂颗粒破碎增长率由初始值迅速向零衰减。珊瑚砂颗粒破碎率并非随着粒径的增大而增大，也不是在整个粒径范围内均匀分布，而是存在典型的破碎丢失区间和颗粒增长区间，在不同的加载方式下粒径损失区间分布具有相似的规律性，而粒径增长区间分布随加载方式的不同而存在差异。

蒋明镜等[15]对珊瑚砂进行了单颗粒破碎试验，并运用 Weibull 经验公式进行统计学分析，结果表明珊瑚砂单颗粒的力-位移曲线形式可分为类硬化型、类软化型与平坦型三种；单颗粒强度的分布与粒径有关，粒径越大，强度越低；粒径相同时，块状颗粒的单颗粒强度高于片状颗粒；单颗粒强度分布服从 Weibull 分布，Weibull 模量 m 介于 1～3 之间。

张小燕等[16]借助于高速动态图像的激光粒度粒形仪器，从统计学角度分析高压一维蠕变试验前后颗粒形状随压力演化的关系，发现颗粒的形状因子（如长宽比、球形度和凹凸度等）随压力增加而逐渐增加；不同粒径的颗粒形状因子均向一个窄幅范围趋近，说明颗粒破碎具有无尺度性和自相似性的分形特性，分形维数随压力增加而逐渐增大，且趋近分形破碎极限；采用 Hardin 和 Einav 方法计算得到的相对破碎量与压力呈幂函数关系，且幂指数相同；相对破碎量随时间增加的现象并不明显，说明在高压力下颗粒破碎主要为压缩破碎，且颗粒细化滑移填充孔隙引起的变形是造成蠕变的主要原因。

3. 孔隙特性

珊瑚砂孔隙由颗粒间孔隙（外孔隙）和颗粒内部孔隙（内孔隙）组成，一般情况下内孔隙体积约占孔隙总体积的 10%。珊瑚砂颗粒形状多样且不规则，使得颗粒间接触形式和空间排列复杂，且珊瑚砂颗粒大多保留有原生生物骨架中的细小孔隙，颗粒内孔隙发育，从而使珊瑚砂具有与石英砂截然不同的孔隙结构特性。通常颗粒形貌越不规则，颗粒间接触越复杂，堆积时越容易产生较大的孔隙，孔隙越分散，连通性越差。一般地，珊瑚砂孔隙比在 0.54～2.97 之间，比石英砂孔隙比（0.4～0.9）高出许多。

另外，由于内孔隙的存在，珊瑚砂表现出颗粒易破碎的特性。颗粒在荷载作用下发生破碎后，部分内孔隙又会转化为外孔隙。

Miura 等[17]指出珊瑚砂颗粒几何形貌直接决定了珊瑚砂粒间孔隙结构，不同形状的珊瑚砂堆积结构差异显著。

朱长歧等[18]采用飞秒激光技术对珊瑚砂进行切割，对其内孔隙进行定量分析，结果表明，较大颗粒珊瑚砂的内孔隙断面孔隙度相对较大，小孔隙数量较多，而大孔隙所占空间则较大；对于 1mm 以上的珊瑚砂，缝隙状内孔隙含量远低于等轴或不等轴孔隙，等轴与不等轴内孔数量大致相等。

4. 渗透特性

珊瑚砂是一种特殊的岩土介质且处在复杂的海洋环境中，作为岛礁填筑和海上构筑物基础材料，珊瑚砂渗透性对于吹填岛礁地下水的形成至关重要，是岛礁工程地下渗流场分析的重要依据，对岛礁工程的安全性和稳定性有着重要影响。

影响珊瑚砂渗透性能的因素很多，包括颗粒形状、尺寸、级配、密实度、含水率、围压和细粒含量等。目前有关珊瑚砂渗透模型都是以达西定律为基础，假设水流在孔隙介质内的流动为均匀线性流。在常水头渗透试验中，珊瑚砂渗透系数与孔隙比、曲率系数、不均匀系数和有效粒径的二次方相关性好。

珊瑚砂颗粒形状具有明显的不均匀性和不规则性，孔隙结构具有各向异性，使得珊瑚砂中过水通道变得狭窄和曲折，水流透过珊瑚砂内部的渗透路径更长，所以在相同密实度条件下，珊瑚砂的渗透性小于石英砂。

此外，在三轴剪切渗透试验中，珊瑚砂的渗透系数与围压呈指数关系，石英砂的渗透系数与围压呈线性关系。在较低围压下，珊瑚砂由剪缩到剪胀，渗透系数随应变的增加先下降后升高，其变形规律和渗透特性与石英砂类似；在较高围压下，珊瑚砂颗粒发生破碎，产生的细小颗粒填充到粗颗粒形成的骨架中，整体变形表现为剪缩，渗透系数降幅由快变慢直至稳定，与石英砂的变形和渗透规律明显不同。

钱琨等[19]通过室内常水头渗透试验得出珊瑚砂的渗透系数与 10^e（e 为孔隙比）、不均匀系数、曲率系数和颗粒粒径均有很好的线性相关性，并建立了珊瑚砂的渗透系数计算模型。

胡明鉴等[20]通过现场多组双环渗透试验，分析密实度和颗粒级配对珊瑚砂渗透性的影响，试验表明珊瑚砂中的渗流速度先缓慢增大再趋于稳定，最后稳定在小幅度波动范围内；珊瑚砂的渗透系数 K 与不均匀系数 C_u 呈负相关关系；分析了颗粒分析曲线上 d_4/d_{60} 与珊瑚砂渗透性的关系，并拟合得出一定干密度 ρ_d 和压实度 δ 下珊瑚砂的渗透系数关系式。

5. 压缩特性

土的压缩性是指土体受压时体积压缩变小、承载力提升、压缩模量随密度增大而增大的特性，这主要是由土中孔隙体积被压缩而引起的。珊瑚砂属于无黏性土，通常情况下珊瑚砂的压缩变形主要由三部分组成：

（1）珊瑚砂颗粒的压缩或破碎；

（2）珊瑚砂颗粒中封闭气体的压缩；

（3）珊瑚砂中的气体和水在压力作用下被挤出。

珊瑚砂的压缩特性与应力水平密切相关，且随着应力的增加可分为两个阶段：

（1）在低应力水平下，珊瑚砂体积变化以珊瑚砂颗粒的弹性压缩、颗粒滑动和滚动、颗粒棱角破碎、颗粒间磨损等为主，压缩程度较低；

（2）应力超过屈服应力后，珊瑚砂体积变化以颗粒大量破碎为主，压缩性急剧增大，孔隙比大幅减小，此阶段珊瑚砂的压缩性与正常固结黏性土相似且压缩指数更大，主要原因为珊瑚砂颗粒形状不规则，单颗粒强度低，在荷载作用下易发生颗粒破碎，导致体积显著减小，呈现出较高的压缩性。珊瑚砂一般的屈服应力约为 800kPa，而石英砂的屈服应力可达 10MPa。

珊瑚砂的压缩性与其密实状态、胶结状态和干湿程度等条件有关。密实或弱胶结状态下，珊瑚砂的压缩性较小，而松砂的压缩性比密砂更大，且颗粒破碎更为显著。

Nauroy 等[21]提出珊瑚砂的压缩由四部分组成：（1）土体的弹性变形；（2）颗粒的重排列；（3）颗粒破碎；（4）胶结体的分离（如果存在）。前面两个在普通颗粒材料的压缩中都存在，后面两个主要伴随珊瑚砂的压缩而发生，因此，珊瑚砂的压缩和蠕变比普通石英砂更显著。

Coop[22]的研究表明，珊瑚砂的压缩性与黏土类似，压缩变形以不可恢复的塑性变形为主，当压力超过某一值时，颗粒破碎对珊瑚砂的压缩特性起控制作用。

张家铭[23]分析了珊瑚砂一维与等向压缩试验下的压缩特性后指出：珊瑚砂的压缩特性类似于正常固结黏性土，在低压阶段，压缩变形主要在于颗粒之间位置重新调整；高压阶段，颗粒破碎对其压缩特性起控制作用。

王新志等[24]通过室内载荷试验研究表明，相比石英砂，相同密实度珊瑚砂的承载力和变形模量大得多，变形量则小得多；珊瑚砂的承载力随着相对密实度的增大而增大，破坏时的变形量显著减小；相同密实度下饱和珊瑚砂比干燥珊瑚砂的承载力和变形模量低很多。

张弥文[25]通过不同粒径和不同孔隙比的珊瑚砂压缩试验，得出压力越大，初始孔隙比对珊瑚砂体积压缩的影响越小；珊瑚砂产生了不可恢复的压缩变形；珊瑚砂卸荷时的膨胀线斜率比黏性土小，且粒径对膨胀线斜率的影响极小；在初始孔隙比相同、粒径不同的曲线中，随着压力的增加，粒径大的颗粒压缩性相对大；分析认为气体排出和颗粒重排在加载初期是影响珊瑚砂压缩性的主要因素，后期加载时的影响因素则主要为颗粒破碎。

马启锋等[26]研究得出在高应力作用下，珊瑚砂比石英砂的压缩变形量大，珊瑚砂的压缩屈服应力在 2MPa 左右，远小于石英砂。珊瑚砂和石英砂在高应力作用下均会产生明显颗粒破碎，但珊瑚砂在应力作用下先于石英砂产生颗粒破碎。通过对颗粒破碎进行量化分析发现，两种砂样的颗粒破碎程度均先随应力的增大而增大，随后出现趋于稳定的趋势。

L. Wils 等[27]对波斯湾海域的珊瑚砂进行了一系列干砂和湿砂的一维压缩试验。试验结果与石英砂对比，发现归因于珊瑚砂的颗粒棱角和较弱的矿物构成，使得珊瑚砂更加容易破碎。在中等应力水平（1MPa）下，珊瑚砂的压缩特性会受到水的影响，湿砂的压缩变形主要发生在初始受力固结阶段，干砂在恒定压力下的压缩变形大于湿砂，降低载荷速率能减小试样含水率变化产生的沉降差异。

毛炎炎等[28]针对含水率、级配问题开展了侧限压缩试验。结果表明，粒径越大珊瑚砂颗粒破碎越大，导致其变形越大；含水率对压缩变形影响明显，低含水率条件下颗粒破碎随含水率的增加而加剧，高含水率条件下趋势相反。

王帅等[29]通过万能试验机，对 5mm 以下珊瑚砂粒组在侧限条件下进行高压压缩试验。研究结果显示：破碎分为渐增与缓增两个阶段，采用 Slogistic 函数拟合的参数，能较好地反映终止压力与破碎势的关系，颗粒相对破碎率与平均粒径呈线性负相关；对比分析单一粒组与混合级配，同等条件下混合级配的相对破碎率远远低于单一粒组；终止压力对颗粒破碎影响明显，高压状态下珊瑚砂的破碎显著大于低压状态。

钱炜[30]采用中科院岩土所自研的大型固结仪，研究了不同粒径和含水率状态对珊瑚填料压缩变形特性。常规条件下饱和状态的珊瑚砂压缩变形明显大于干燥状态下的变形，随着砾块含量的增加，土体骨架结构逐渐由砂包裹砾块变为砾块直接接触。在对比不同试样的干燥和饱和条件下的压缩特性时发现，砂砾比例在很大程度上影响了土体的压缩性能。纯砂状态下，水使得压缩模量变低，在砾块为主的珊瑚砂中，砾块间的直接接触导致水的存在对压缩特性的影响并不明显，在 1600kPa 压力下，饱和状态和风干状态压缩线基本重合。

谭风雷等[31]通过对不同堆积状态珊瑚砂进行常规压缩试验，发现在一般工程荷载应力水平（100～200kPa）时珊瑚砂压缩性偏低，且初始状态影响较弱；珊瑚砂卸载回弹指数相对压缩指数显著偏低，具有显著塑性变形低的压缩性特征；珊瑚砂压缩与卸载再压缩固结速率偏快，预期珊瑚砂场地的沉降稳定周期较短。

6. 剪切特性

珊瑚砂的抗剪强度由摩擦强度和粘结强度组成。受外力作用时，珊瑚砂颗粒产生摩擦与滑移，当颗粒间作用力超过破碎强度时，颗粒发生破碎，颗粒形貌随之改变，从而又会影响颗粒间相互作用。颗粒形貌对剪切特性的影响与颗粒滑移、破碎相耦合。一般来说，珊瑚砂在低围压时会表现出应变软化特性，随着围压的增大，由应变软化向应变硬化转变。

石英砂通常被视为摩擦类介质，即粘结强度可以忽略不计。而珊瑚砂则具有一定的表观黏聚力（3～40kPa），且内摩擦角较大（36°～45°），源于不规则形状颗粒间的机械咬合作用。不同颗粒形貌珊瑚砂的表观黏聚力和内摩擦角存在差异，块状颗粒球度大、棱角突出，颗粒间摩擦较大，因此内摩擦角比其他形状颗粒的要大。

临界状态是指土体在大变形阶段，体积、总应力和剪应力等不变，剪应变持续发展和流动的状态。珊瑚砂临界状态摩擦角主要在28°～47°之间变化，且呈现出随有效围压的增大而减小的趋势，主要原因为珊瑚砂在高应力作用下发生颗粒破碎。从不同岛礁吹填区域获得的珊瑚砂摩擦角存在显著差异，珊瑚砂颗粒形貌、粒径、级配、相对密度、沉积吹填历史和试验加载条件等因素的不同是导致这一差异的主要原因。

何建乔等[32]发现在不同的竖向压力下，珊瑚砂颗粒会达到不同的稳定级配，但达到稳定所需的剪切位移相同；经历大位移剪切后，出现粒径为 0.01～0.075mm 珊瑚砂破碎严重的现象；随剪切位移的增加，颗粒的圆度和扁平度减小；剪切后的珊瑚砂颗粒更为规则，整体轮廓趋于圆形、表面更光滑。

张家铭等[33]发现颗粒破碎与剪胀对珊瑚砂强度有着重要影响，低围压下剪胀对其强度的影响远大于颗粒破碎，随着围压的增加，珊瑚砂颗粒破碎加剧，剪胀影响越来越小，而颗粒破碎的影响则越来越显著；颗粒破碎对强度的影响随着围压的增大而增大，当破碎达到一定程度后颗粒破碎渐趋减弱，其影响也渐趋于稳定。

刘崇权等[34]进行了三轴排水条件下的珊瑚砂剪切试验，采用 Hardin 提出的相对破碎的概念，分析了三轴剪切条件下珊瑚砂相对破碎与塑性应变、塑性功和破碎功之间的关系，推导出颗粒破碎过程中的能量方程，建立了颗粒破碎与剪胀耦合的破碎功表达式。

刘崇权等[35]对珊瑚砂进行了三轴剪切试验，发现珊瑚砂剪切内摩擦角明显高于石英砂；对中密状态的珊瑚中粗砂进行固结排水剪切试验，发现在低围压（小于 200kPa）下才发生整体剪胀，当围压大于 400kPa 时同时受到剪胀和颗粒破碎的影响。因此在评价珊瑚砂力学特征时应考虑剪胀、颗粒重新排列以及作用过程中产生的颗粒破碎模型。

张家铭等[36]通过室内三轴试验研究了珊瑚砂常压与高压状态下的力学性质。试验结果得出珊瑚砂在低应力水平下与石英砂力学性质相同，中高压状态下则表现出石英砂高压时的力学性质，在压力作用下土体内孔隙的释放使得孔隙比变化明显。

Semple[37]进行了一系列的试验，发现珊瑚砂表现出不同寻常的力学特性，由于其独特的颗粒形状使得颗粒间存在嵌锁作用，导致其具有较高的摩擦角。珊瑚砂的颗粒形状、较弱的矿物构造、内部孔隙，以及生物成因的高孔隙率构成了珊瑚砂特殊的岩土特性。

Coop[22]对 Dog's Bay 珊瑚砂进行了高压力条件下三轴试验力学性能测试。珊瑚砂在固结沉积过程中往往伴随着胶结作用，然而 Dog's Bay 试样在干燥后经受高应力也仅显示出有限的黏聚力。当施加在土体上的作用力足够导致颗粒破碎，珊瑚砂的压缩量是很大的，反而在卸载时珊瑚砂却有异常高的刚性和弹性。珊瑚砂的压缩特性与黏土相似，当压力超过一定阈值后颗粒破碎才对珊瑚砂压缩起控制作用。对于珊瑚砂而言，通常需要较大的应变才能充分发挥出摩擦阻力，而这往往会引起相关工程问题。

姜璐[38]研究了级配、干密度和围压对珊瑚砂剪切特性的影响。试验结果表明在低压状态下呈现应变软化特征，细粒含量越多应变软化越明显，细粒级配相对粗粒级配较早出现峰值及应变软化现象。

马林[39]发现现场所取珊瑚砂颗粒级配分布宽泛，存在众多粗颗粒且大部分级配不良，采用大型直剪设备对现场所取珊瑚砂进行试验。试验得出，与石英砂相比，珊瑚砂表观黏聚力较大，内摩擦角较高，软化性较弱；表观黏聚力随着平均粒径的增大而增大，内摩擦角随着干密度的增大而增大；与峰值强度相比，土体剪切破坏后其残余强度的表观黏聚力锐减而内摩擦角仅略有减小。

李金戈[40]通过室内大型剪切试验，研究了珊瑚土体中粗粒含量、剪切速度以及垂直压力对珊瑚砂粗粒土剪切力学特性的影响。在较低轴向应力下呈现剪胀，随着轴向应力增加试样出现先剪缩后剪胀的现象，最终剪胀程度保持在一定范围内。珊瑚砂土体中粗粒组含量的增加使得珊瑚砂抗剪强度呈上升趋势，与此同时试样剪胀减小，剪缩现象更加显著；粗粒组含量的增加使得珊瑚砂在剪切过程中产生更多的颗粒破碎。

钱炜[30]通过室内大型直剪仪研究了剪切速度和珊瑚砂粗粒组含量对剪切特性的影响。研究结果表明，黏聚力随着剪切速度增加而减小，粗粒含量的增加能够显著增加珊瑚砂的黏聚力。

王亚松等[41]分析了剪切强度分量作用机制，研究了珊瑚砂强度演化规律，基于强度理论提出咬合力和摩擦角度即咬合和摩擦强度两个强度分量。研究结果显示，随着塑性变形增长摩擦强度逐渐呈现出硬化趋势，咬合强度表现出先强化再弱化的规律；随着应力水平增加，珊瑚砂强度则遵循二者共同作用的机制。

杨佳等[42]采用重塑珊瑚砂进行三轴剪切试验，对比分析珊瑚砂与石英砂应力应变特征。试验结果显示：低应力条件下珊瑚砂与石英砂力学特性相似，由于在剪切过程中珊瑚砂产生的颗粒破碎，导致珊瑚砂的塑性变形明显高于石英砂；珊瑚砂颗粒表面较为粗糙使得土体颗粒咬合，导致剪切产生的内摩擦角高于石英砂。

钱炜等[43]对取自我国某海域珊瑚砂进行了同一干密度、不同围压下的常规三轴试验，得出：干密度一定时，应力随着围压的增加而增加，且增加的速率也随着增大，峰值应力对应的剪切应变增大；随着应变的增加，试样先发生剪缩，后发生剪胀，围压小于 400kPa 时，体变从正值变为负值，围压大于 400kPa 时，体变保持为正值，表明剪胀难以发生；试验所得的珊瑚砂内摩擦角为 42.7°，黏聚力为 40.6kPa。

张早辉等[44]采用 TKA-DSS-4 四联直剪仪，对相同干密度、不同含水率的珊瑚砂进行多组平行试验，探究含水率对其抗剪强度的影响规律。得出：干密度一定时，应力随着轴向荷载的增加而增加，峰值应力对应的剪切位移增大；干密度一定，含水率不变时，随着轴向荷载的增大，试样剪胀更为明显；而轴向荷载相同，含水率增大，试样剪胀更为明显；其他条件不变时，随着含水率的增大，珊瑚砂黏聚力减小，内摩擦角增大，直接剪切试验得到的黏聚力、内摩擦角大于三轴剪切试验所得值。

钱春杰等[45]基于不同组构的珊瑚砂单元体试样剪切试验，得出：珊瑚砂峰值强度高，且与应力水平相关。在低应力水平下摩擦角在 40°以上，在高应力水平下摩擦角有所降低，但仍在 30°以上；珊瑚砂在高应变下仍有较高的残余强度，残余强度为峰值强度的 0.7 倍以上。

7. 蠕变特性

珊瑚砂具有颗粒易破碎、结构性强等特点，使其具有明显的蠕变特征。颗粒滑移重新排列和颗粒破碎共同作用是发生蠕变的主要原因，具体表现为在低应力下以颗粒滑移重新排列为主，高应力下以颗粒破碎为主。

Lade 等[46]通过开展复杂应力状态下的珊瑚砂的三轴及蠕变试验，发现蠕变变形可以重塑珊瑚砂结构，但重塑的结构会被后续变形所破坏。

Lade 等[47]测得了由于应力下降引起的珊瑚砂应力松弛和体积应变，发现珊瑚砂表现出了非黏滞性特性。

Lade 等[48]分析了围压、初始剪应力和应变速率对珊瑚砂应力松弛的影响，发现珊瑚砂应力松弛过程中偏应力随时间的对数线性减小。

Lv 等[49]通过低应力状态下珊瑚砂与石英砂的对比蠕变试验，发现低应力状态下珊瑚砂并没有发生大量的破碎，但珊瑚砂蠕变变形却是相同颗粒级配和密实度石英砂的十倍之多，认为可能的原因是珊瑚砂颗粒多孔洞和尖角，颗粒局部失稳变形会引起孔洞和尖角破碎嵌固，造成整体变形。

张小燕等[16]开展了珊瑚砂高压一维蠕变试验，研究结果表明：在高应力下，颗粒细化滑移填充孔隙引起的变形是造成蠕变的主要原因。

1.3.2 珊瑚砂原位测试研究

对于珊瑚砂吹填地基，多采用静力触探试验、标准贯入试验、圆锥动力触探试验（轻型、重型）、平板载荷试验、深层螺旋板载荷试验等原位测试手段，获取珊瑚砂吹填地基的物理力学性质指标，分析吹填地基的承载能力、变形特性和稳定性，以及对吹填地基处理后施工质量进行检测。

王新志等[50]在西沙永兴岛不同地貌单元开展了浅层平板载荷试验、深层螺旋板载荷试验、压实度测试以及回弹模量试验，试验结果表明：人工填筑的珊瑚砂地基承载力和变形模量明显高于天然形成的礁坪相地基和沙坝地基，其承载力特征值可达 320～360kPa，变形模量在 95～200MPa 之间，且地基的沉降是瞬时完成的，沉降量很小；在地下水位以上地基承载力随着深度增大逐渐增加，但在地下水位以下承载力和变形模量明显减小；珊瑚砂地基压实度在 87%以上时回弹模量达到 472～730MPa，且回弹模量随着压实度的增大而增大。

朱长歧等[51]在西沙永兴岛对珊瑚砂进行了现场载荷试验和轻型动力触探试验，试验结果表明珊瑚砂颗粒之间存在着微弱的胶结作用，胶结强度的大小与颗粒大小、级配及水位埋深有关；地基土的变形模量E_0与轻型动探击数N_{10}之间存在着正相关性；由于地下水位的存在，使珊瑚砂地基具有上硬下软的二元结构特性。

杨永康等[52]选择西沙群岛 5 个岛礁作为试验场地，通过平板载荷试验、标准贯入试验、重型动力触探试验，利用最小二乘法建立了珊瑚砂地基承载力特征值f_{ak}与标准贯入试验锤击数N、地基承载力特征值f_{ak}与修正后的重型动力触探锤击数$N_{63.5}$之间的相关关系。

居炎飞等[54]通过现场载荷板试验与动力触探的对比分析，得到了粗细粒混合珊瑚砂地基载荷板的合理影响深度为 2 倍板宽；动探击数与珊瑚混合土地基承载力具有良好的相关性，并分析得到动探击数与地基承载力、动探击数与变形模量的经验公式。

蔡泽明等[55]从无黏性粒状土的摩擦强度机理出发，分析了珊瑚砂的摩擦强度分量，明确了松散的珊瑚砂具有高的摩擦强度的原因；通过分析标准贯入试验的力学模型，建立了珊瑚砂的抗剪强度和标准贯入击数经验关系。

李洋洋等[56]对不同承压板、不同密实度条件下的珊瑚砂地基进行浅层平板载荷试验，试验结果表明：珊瑚砂地基的沉降量随密实度增大而减小，承载能力和变形模量随密实度增大而增大；方形承压板地基的沉降量小于圆形承压板地基，承载能力和变形模量大于圆形承压板地基。珊瑚砂地基的实际沉降量为经验公式计算值的 50%～67%；荷载传递深度约为承压板宽度或直径的 2～3 倍；水平方向上荷载影响范围为 1～2 倍的承压板宽度或直径。

孟庆山等[57]利用扁铲侧胀仪对海底浅层珊瑚砂进行原位测试，试验表明，由于波浪循环动荷载的作用使得海底表层（深 1～2m）珊瑚砂的密实度比其紧邻的下部偏大，以珊瑚礁为主要胶结物的珊瑚砂，内部具有大的孔隙或松散堆积体结构是造成海底浅层珊瑚砂表层与浅部土体的扁铲侧胀压力明显变化的主要原因。扁铲试验结果与现场标准贯入试验具有较好的相关性。

1.3.3　珊瑚砂地基处理研究

地基处理的目的是通过各种工程技术手段对吹填土地基进行加固。使用吹填工艺形成的陆域，其地基土具有比正常沉积土强度更低、压缩性更高的工程特性。通过地基处理手段，可有效改善吹填土工程性质，提高吹填土的承载能力和稳定性。目前对于珊瑚砂吹填地基，多采用强夯、振冲、分层碾压、振动碾压、冲击碾压等方式进行地基加固，以改善吹填地基承载力、稳定性，减少工后沉降，提高抗液化能力。

贺迎喜等[58]、邱伟健等[59]结合沙特吉达 RSGT 码头项目进行了有关吹填珊瑚砂地基的振冲法和强夯法的现场试验，肯定了振冲法的显著加固效果。

王帅等[60]对珊瑚砂砾试样进行冲击试验，研究表明：随着总冲击能的增大，试样孔隙比逐渐减小，并最终呈稳定趋势，二者满足指数函数关系；试样相对破碎率随总冲击能的增大而逐渐增大，但存在一临界总冲击能，超过该值后，相对破碎率增幅逐渐减弱；冲击能能改变试样粒径的构成，其不均匀系数、曲率系数随总冲击能增大而增大，并呈二项式函数关系；试样平均粒径随总冲击能的增大而减小，二者呈线性负相关；珊瑚砂砾经过冲击作用后，粒组百分含量变化较为明显，含砂量增大，砂砾比例发生变化，其中原粒组下一级粒径区间质量百分含量增量尤为明显。

余东华等[61]、檀会春等[62]在苏丹新港集装箱码头后方堆场地基处理工程中，采用强夯联合振动碾压对珊瑚礁回填料地基进行加固处理。现场动力触探、压实度和载荷板检测结果表明，强夯联合振动碾压能把深层加固和表层加固结合起来，有效解决珊瑚礁回填料地基土压缩性大和承载力低等问题，达到满意施工的效果；并指出冲击在地基中形成的冲击力使得珊瑚料被击碎、改善了回填料级配。

余以明等[63]对振冲法的不同工艺进行了现场对比试验，认为加密振冲点位，选择较粗的吹填料进行回填置换，可使软弱夹层变密实，珊瑚砂地基承载力明显提高。

王建平等[64]采用强夯法和两点振冲法对珊瑚砂地基加固进行了对比，结果表明，表层3m范围内，两种方法加固效果相近；地表以下3～6m，强夯区提高幅度下降明显，6m以下能量衰减迅速，处理效果差；振冲区加固效果沿深度方向没有衰减，均匀性更好，而且两点振冲法对礁盘破坏更小；因此，两点振冲法优于强夯法。

参 考 文 献

[1]　余克服. 珊瑚礁科学概论[M]. 北京: 科学出版社, 2018.

[2]　刘建坤, 汪稳. 岛礁岩土工程[M]. 北京: 中国建筑工业出版社, 2023.

[3]　刘崇权. 钙质土土力理论及其工程应用[J]. 岩石力学与工程学报, 1999, 18(5): 616-616.

[4]　蒋明镜, 吴迪, 曹培, 等. 基于 SEM 图片的钙质砂连通孔隙分析[J]. 岩土工程学报, 2017, 39(S1): 1-5.

[5]　曾志军, 徐亚峰, 张瑞坤, 等. 南海岛礁珊瑚碎屑颗粒的几何本征研究[J]. 公路交通科技(应用技术版), 2018, 14(1): 125-128.

[6]　金宗川. 钙质砂的休止角研究与工程应用[J]. 岩土力学, 2018, 39(7): 2583-2590.

[7]　Yang J, Luo X D. Exploring the relationship between critical state and particle shape for granular materials[J]. Journal of the Mechanics & Physics of Solids, 2015, 84(11): 196-213.

[8]　汪轶群, 洪义, 国振, 等. 南海钙质砂宏细观破碎力学特性[J]. 岩土力学, 2018, 39(1): 199-206+215.

[9]　陈海洋, 汪稳, 李建国, 等. 钙质砂颗粒的形状分析[J]. 岩土力学, 2005, (9): 1389-1392.

[10]　Ma L J, Li Z, Wang M Y, et al. Effects of size and loading rate on the mechanical properties of single coral particles[J]. Powder Technology, 2018, 342(1): 961-971.

[11]　王新志, 王星, 翁贻令, 等. 钙质砂的干密度特征及其试验方法研究[J]. 岩土力学, 2016, 37(S2): 316-322.

[12]　秦月, 姚婷, 汪稳, 等. 基于颗粒破碎的钙质沉积物高压固结变形分析[J]. 岩土力学, 2014, 35(11): 3123-3128.

[13]　Coop M R, Sorensen K K, Freitas T B, et al. Particle breakage during shearing of a carbonate sand[J]. Géotechnique, 2004, 54(3): 157-163.

[14]　纪文栋, 张宇亭, 裴文斌, 等. 加载方式和应力水平对珊瑚砂颗粒破碎影响的试验研究[J]. 岩石力学与工程学报, 2018, 37(8): 1953-1961.

[15] 蒋明镜, 杨开新, 陈有亮, 等. 南海钙质砂单颗粒破碎试验研究[J]. 湖南大学学报(自然科学版), 2018, 45(S1): 150-155.

[16] 张小燕, 蔡燕燕, 王振波, 等. 珊瑚砂高压力下一维蠕变分形破碎及颗粒形状分析[J]. 岩土力学, 2018, 39(5): 1573-1580.

[17] Miura K, Maeda K, Furukawa M, et al. Mechanical characteristics of sands with different primary properties[J]. Soils and Foundations, 1998, 38(4): 159-172.

[18] 朱长歧, 陈海洋, 孟庆山, 等. 钙质砂颗粒内孔隙的结构特征分析[J]. 岩土力学, 2014, 35(7): 1831-1836.

[19] 钱琨, 王新志, 陈剑文, 等. 南海岛礁吹填钙质砂渗透特性试验研究[J]. 岩土力学, 2017, 38(6): 1557-1564+1572.

[20] 胡明鉴, 蒋航海, 朱长歧, 等. 钙质砂的渗透特性及其影响因素探讨[J]. 岩土力学, 2017, 38(10): 2895-2900.

[21] Nauroy J F, Le Tirant P. Model tests of piles in calcareous sands[J]. Conference on Geotechnical Practice in Offshore Engineering, Australia, Texas, Apirl, 1983: 356-369.

[22] Coop M R. The mechanics of uncemented carbonate sands[J]. Geotechnique, 1990, 40(4): 607-626.

[23] 张家铭. 钙质砂基本力学性质及颗粒破碎影响研究[D]. 武汉: 中国科学院研究生院(武汉岩土力学研究所), 2004.

[24] 王新志, 汪稔, 孟庆山, 等. 钙质砂室内载荷试验研究[J]. 岩土力学, 2009, 30(1): 147-151+156.

[25] 张弼文. 侧限条件下钙质砂的颗粒破碎特性研究[D]. 武汉: 武汉理工大学, 2014.

[26] 马启锋, 刘汉龙, 肖杨, 等. 高应力作用下钙质砂压缩及颗粒破碎特性试验研究[J]. 防灾减灾工程学报, 2018, 38(6): 1020-1025.

[27] Wils L, Van Impe P, Haegeman W. One-dimensional compression of a crushable sand in dry and wet conditions[C]//3rd International Symposium on Geomechanics from Micro to Macro. Taylor and Francis Group-London, 2015, 2: 1403-1408.

[28] 毛炎炎, 雷学文, 孟庆山, 等. 考虑颗粒破碎的钙质砂压缩特性试验研究[J]. 人民长江, 2017, 48(9): 75-78+102.

[29] 王帅, 雷学文, 孟庆山, 等. 侧限条件下高压对钙质砂颗粒破碎影响研究[J]. 建筑科学, 2017, 33(5): 80-87.

[30] 钱炜. 某岛礁珊瑚砂力学性质的室内试验研究[J]. 土工基础, 2016, 30(4): 527-532.

[31] 谭风雷, 闫振国, 曾志军, 等. 珊瑚砂填料压缩特性试验研究[J]. 公路交通科技(应用技术版), 2018, 14(1): 137-139.

[32] 何建乔, 魏厚振, 孟庆山, 等. 大位移剪切下钙质砂破碎演化特性[J]. 岩土力学, 2018, 39(1): 165-172.

[33] 张家铭, 蒋国盛, 汪稔. 颗粒破碎及剪胀对钙质砂抗剪强度影响研究[J]. 岩土力学, 2009, 31(7): 2043-2048.

[34] 刘崇权, 汪稔. 钙质砂在三轴剪切中颗粒破碎评价及其能量公式[J]. 工程地质学报, 1999, 7(4): 366-371.

[35] 刘崇权, 汪稔. 钙质砂物理力学性质初探[J]. 岩土力学, 1998(1): 32-37+44.

[36] 张家铭, 张凌, 刘慧, 等. 钙质砂剪切特性试验研究[J]. 岩石力学与工程学报, 2008(S1): 3010-3015.

[37] Semple, R. The mechanical properties of carbonate soils[C]//International conference on calcareous sediments. A. A. Balkema, Rotterdam, 1988. 807-836.

[38] 姜璐. 击实条件下颗粒级配对钙质砂的力学特性影响研究[D]. 长春: 吉林大学, 2016.

[39] 马林. 钙质土的剪切特性试验研究[J]. 岩土力学, 2016, 37(S1): 309-316.

[40] 李金戈. 珊瑚碎屑粗粒土直剪试验力学特性研究[D]. 桂林: 桂林理工大学, 2016.

[41] 王亚松, 马林建, 李增, 等. 钙质砂强度与变形机制研究[J]. 防护工程, 2018, 40(4): 31-35.

[42] 杨佳, 范建好, 李旭东. 钙质砂与陆源海砂的剪切试验研究[J]. 中国水运(下半月), 2018, 18(5): 230-231.

[43] 钱炜, 张早辉. 钙质砂莫尔-库仑强度特性三轴试验测试[J]. 土工基础, 2017, 31(2): 231-232.

[44] 张早辉, 单继鹏, 曹梦. 直剪条件下含水率对钙质砂强度的影响[J]. 土工基础, 2017, 31(2): 244-246.

[45] 钱春杰, 李忠平, 谭凤雷, 等. 珊瑚砂填料强度特征试验研究[J]. 公路交通科技(应用技术版), 2018, 14(1): 133-136.

[46] Lade P V, Liggio Jr, C D, Nam J. Strain rate, creep, and stress drop-creep experiments on crushed coral sand[J]. Journal of Geotechnical and Geoenvironmental Engineering, 2009, 135(7): 941-53.

[47] Lade P V, Nam J, Ligio J R C D. Effects of particle crushing in stress drop-relaxation experiments on crushed coral sand[J]. Journal of Geotechnical and Geoenvironmental Engineering, 2010, 136(3): 500-509.

[48] Lade P V, Karimpour H. Stress relaxation behavior in Virginia Beach sand. Canadian Geotechnical Journal, 2015(52): 813-835.

[49] Lv Y R, Li F, Liu Y W, et al. Comparative study of coral sand and silica sand in interlocking-dependent creep[J]. Canadian Geotechnical Journal, 2016, Online.

[50] 王新志, 王星, 刘海峰, 等. 珊瑚礁地基工程特性现场试验研究[J]. 岩土力学, 2017, 38(7): 2065-2070+2079.

[51] 朱长歧, 刘崇权. 西沙永兴岛珊瑚砂场地工程性质研究[J]. 岩土力学, 1995(2): 35-41.

[52] 杨永康, 杨武, 丁学武, 等. 西沙群岛珊瑚碎屑砂承载力特性试验研究[J]. 广州大学学报(自然科学版), 2017, 16(3): 61-66.

[53] 夏玉云, 乔建伟, 张炜, 等. 马尔代夫吹填珊瑚砂地基现场试验研究[J]. 工程勘察, 2021, 49(1): 19-24.

[54] 居炎飞, 明道贵. 珊瑚混合土地基承载力特性评价[J]. 地下空间与工程学报, 2017, 13(S2): 684-687.

[55] 蔡泽明, 罗新华, 刘自闯, 等. 珊瑚土地基抗剪强度交流与探讨[J]. 港工技术, 2017, 54(6): 104-108.

[56] 李洋洋, 方祥位, 黄雪峰, 等. 珊瑚砂地基平板载荷模型试验研究[J]. 重庆理工大学学报(自然科学), 2017, 31(10): 114-121.

[57] 孟庆山, 黄超强, 李晓辉, 等. 扁铲侧胀试验在浅海钙质土力学特性评价中的应用[J]. 岩土力学, 2006, (5): 769-772.

[58] 贺迎喜, 董志良, 王伟智, 等. 沙特 RSGT 码头项目吹填珊瑚礁地基加固处理[J]. 水运工程, 2010(10): 100-104.

[59] 邱伟健, 杨和平, 贺迎喜, 等. 珊瑚礁砂作地基吹填料及振冲加固试验研究[J]. 岩土工程学报, 2017, 39(8): 1517-1523.

[60] 王帅, 雷学文, 孟庆山, 等. 冲击能对钙质砂砾颗粒级配影响试验研究[J]. 工业建筑, 2017, 47(5): 96-100+157.

[61] 余东华, 黄俊文, 贺迎喜. 强夯联合振动碾压加固珊瑚礁回填料地基[J]. 中国水运(下半月), 2015, 15(2): 283-285.

[62] 檀会春, 刘用. 苏丹港地区珊瑚礁回填料的加固效果检测分析[J]. 长沙大学学报, 2014, 28(5): 34-37.

[63] 余以明, 邓华. 珊瑚砂地基软弱夹层分析及加固措施[J]. 水运工程, 2018(2): 186-188+193.

[64] 王建平, 郭东, 张宏波, 等. 珊瑚碎屑地基加固方法现场对比试验[J]. 工业建筑, 2016, 46(5): 119-123.

第2章

吹填岛礁的工程地质条件

珊瑚礁是一种由造礁石珊瑚等海洋生物体经历一系列的生物与地质作用过程而形成的沉积建造。丛生的珊瑚群体死后，其遗骸堆积在原生长地上，保留死前形态的称为原生礁，被波浪、天敌或人为破坏后，其残肢与各种附礁生物贝类及钙质藻类等的遗骸经堆积胶结而成的称为次生礁。原生礁和次生礁构成了整个珊瑚礁地质体，该地质体的顶部隐现于水面下，且其顶部面积相差悬殊，大者超过 100km²，小者不足 1km²。

最适宜造礁石珊瑚生长的海水温度是 25～28℃，海水温度低于 18℃或高于 29℃时珊瑚生长就会受到抑制，低于 13℃或高于 36℃时珊瑚就会死亡。因此，全球的珊瑚礁多分布于南北纬 30°之间的海域，尤以太平洋中部、西部为多。珊瑚礁在我国南海、红海、波斯湾、印度西部海域、澳大利亚西部大陆架和巴斯海峡、爪哇海、北美的佛罗里达海域、中美洲海域等都有分布。珊瑚生长除了受海水温度的影响外，还会受到海水的盐度、溶解氧和太阳辐射等的制约。珊瑚适应的海水盐度范围是 27‰～40‰，最佳盐度为 36‰。清洁且不断扰动的海水，含有较多的氧气和养料，有利于珊瑚的生长，珊瑚生长最适宜的海水溶解氧为 4.5～5.0mL/L。珊瑚的生长还会受海水透光度的影响，通常水位下 50m 以内为珊瑚适宜的生长范围，20m 以内珊瑚生长最为繁茂，50～70m 范围内个别种类和个体的珊瑚可以生长，但不能成礁，也有小部分造礁珊瑚生长在水深 100m，甚至更深的海底处[1]。

按照珊瑚礁体与岸线的关系，珊瑚礁可分为裙礁（岸礁）、堡礁和环礁。按照形态，珊瑚礁可分为台礁、塔礁、点礁和礁滩。按照地貌单元，珊瑚礁可分为沙洲区、潟湖区、灰沙岛区、礁坪区和人工回填区，见图 2-1。

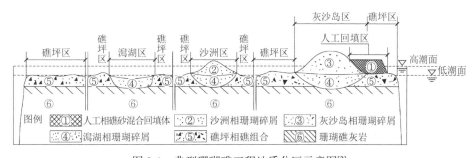

图 2-1　典型珊瑚礁工程地质分区示意图[2]

珊瑚礁工程地质环境是一个复杂的系统，由地质条件、海洋动力条件和生态条件等组成。马尔代夫位于印度洋，是世界上最大的珊瑚岛国家，为了合理布局、规划、设计马尔代夫维拉纳国际机场改扩建工程，开展岛礁工程地质环境、工程地质性质、工程适宜性以及工程地质环境与工程的相互作用的研究十分必要。

2.1　地理位置

马尔代夫维拉纳国际机场改扩建工程（以下简称"本工程"）位于马尔代夫 Hulhule 机场岛，维拉纳国际机场内，地理坐标为东经 073°31′33″～073°32′13″，北纬 04°11′25″～04°12′55″。

马尔代夫位于印度洋，是世界最大的珊瑚岛国家，国土面积 11.53 万 km²（含领海面积），陆地面积仅 298km²，由 26 组自然环礁（共计 1192 个珊瑚岛，岛屿平均面积为 1～2km²）组成，地形狭长低平，南北长约 820km，东西宽约 130km，平均海拔 1.2m，最高点海拔 2.4m。马尔代夫与印度拉克代夫、米尼科伊和阿明迪维等岛屿相距约 600km，与斯里兰卡首都科伦坡相距约 669km。

马尔代夫维拉纳国际机场位于马尔代夫中东部 Hulhule 岛，该岛是北马累环礁的链岛之一，距离首都马累约 2.0km。

2.2　气象水文

马尔代夫跨越赤道，气候在很大程度上受印度洋影响，大部分地区属热带季风气候，南部为热带雨林气候，具有炎热潮湿的特点，无四季之分。马尔代夫阳光充足，平均每天日照 8h，年平均气温 28℃左右，最高温度 32℃（3—4 月），最低温度 14℃（5 月、9 月），

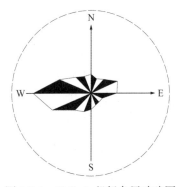

图 2.2-1　Hulhule 机场岛风玫瑰图

全年温差较小。首都大马累地区日最高温度 31℃，最低温度 26℃。马尔代夫海洋夏季平均水温约 29℃，冬季平均水温约 27℃，全年温差小。马尔代夫降水量丰富，从南至北年降水量差异较大，年平均降雨量 1500～2000mm，最大降雨量为 2277.8mm（2002 年 7 月 9 日）；每月降雨量变化较大，主要集中在 4—10 月。空气湿度很大，年均湿度大于 70%。马尔代夫的风力主要受季节影响，每年 5—10 月，多西南季风，多雨湿润，每年 11 月—次年 4 月，多东北季风，空气干燥。季风相对柔和，年平均风速 3～5m/s，无飓风、龙卷风，偶有暴风。

Hulhule 机场岛区域 2006—2012 年气象观测数据统计见表 2.2-1 和图 2.2-1。从风向的分布来看，偏西方向的风出现的频率相对较多，WNW、W 和 WSW 三个方向的频率之和约 45%，最多出现在西向上，频率为 20.63%。从风速来看，风速大多低于 10.3m/s，风速高于 10.3m/s 的比例为 1.55%。

Hulhule 机场岛风向风速统计表（2006—2012 年）　　　　　表 2.2-1

风向	风速/（m/s）				
	<0.7	0.7～6.7	6.7～10.3	>10.3	总计
N	0.00%	3.82%	0.07%	0.00%	3.89%
NNE	0.00%	2.34%	0.10%	0.01%	2.45%

续表

风向	风速/（m/s）				
	<0.7	0.7~6.7	6.7~10.3	>10.3	总计
NE	0.00%	3.39%	0.70%	0.01%	4.10%
ENE	0.00%	4.86%	3.68%	0.19%	8.73%
E	0.00%	4.81%	2.49%	0.13%	7.44%
ESE	0.00%	1.14%	0.09%	0.01%	1.25%
SE	0.00%	0.89%	0.03%	0.00%	0.92%
SSE	0.00%	1.01%	0.02%	0.00%	1.03%
S	0.00%	2.45%	0.06%	0.00%	2.51%
SSW	0.00%	3.76%	0.32%	0.01%	4.08%
SW	0.00%	4.59%	0.88%	0.06%	5.53%
WSW	0.00%	10.13%	3.18%	0.34%	13.65%
W	0.00%	14.68%	5.35%	0.61%	20.63%
WNW	0.00%	8.93%	1.58%	0.13%	10.64%
NW	0.00%	4.95%	0.40%	0.05%	5.39%
NNW	0.00%	3.33%	0.20%	0.01%	3.54%
VRB	1.41%	2.82%	0.00%	0.00%	4.23%
CALM	0.92%				
总计	1.41%	77.90%	19.14%	1.55%	100.00%

马尔代夫海域洋流总体特征受控于南印度洋洋流，Hulhule 机场岛区域洋流具有半日潮往复流特征，潮差较小，平均潮差约 0.98m，浅层海水流速慢，为 1~2m/s。根据马尔代夫维拉纳国际机场潮汐记录站监测数据（表 2.2-2），潮汐特征比为 0.78，潮位状况是日潮不等的半周天（一天两次），每天 2 次高潮，2 次低潮，高度不同。

Hulhule 机场岛潮位统计　　　　　　　　　　　　　表 2.2-2

项目	潮位/m
最高天文潮位（HAT）	+0.64
平均高高潮面（MHHW）	+0.34
平均低高潮面（MLHW）	+0.14
平均海平面（MSL）	0.00
平均高低潮面（MHLW）	−0.16

续表

项目	潮位/m
平均低低潮面（MLLW）	−0.36
最低天文潮位（LAT）	−0.56

马尔代夫现有波浪资料十分有限。根据 1988 年 6 月—1990 年 1 月的波浪监测数据，1989 年 6 月最大有效波高为 1.23m，平均波周期为 7.53s；1989 年 7 月最大有效波高为 1.51m，平均波周期为 7.74s。1989 年 6—7 月平均波周期为 5.0～9.0s。根据 1988 年 9 月—1989 年 7 月的监测数据，有效波高大于 1.0m 的概率大约为 10%，有效波高大于 1.5m 的概率约 0.15%。首都大马累地区 6—8 月，波浪方向为南向；10—12 月波浪周期变短，波浪方向为南向和西向。

受印度洋整体潮波传播方向控制，马尔代夫海域的涨潮方向为由西向东，落潮方向为由东向西，潮流受环礁地形的影响，不同位置流速存在一定差别。首都马累岛与 Hulhule 机场岛之间峡道内的水流主要为潮流控制。涨落潮流速较大时刻位于低潮位、高潮位之后 2h 附近，从表层至底层流速呈现渐小的趋势，表底层流流向相差不大，水流呈较明显的往复流形态。

2.3　地形地貌

马尔代夫属印度洋环礁链地貌形态，多个环礁呈串发育或圈发育。北马累环礁位于马尔代夫中东部，为发育完整的环礁，由四周的礁环、中间的潟湖和潟湖里的珊瑚岛组成。北马累环礁潟湖水深为 40～60m。

Hulhule 机场岛位于北马累环礁的南部边缘，其北侧主要为珊瑚潟湖地貌，是与外海隔开的平静浅海水域，潟湖由几条水道与外海连通，有的高潮时与外海相连。

Hulhule 机场岛地势低平，岛内人工填湖造陆后地形更为平坦，岛上陆地地面高程多在 1.00～1.50m 之间。Hulhule 机场岛西侧水下地形起伏大，标高−35.00～−0.50m，水下岸坡陡峭，坡度在 25°～40°，均为珊瑚砂质海岸。Hulhule 机场岛北侧主要为浅滩（标高约 −1.00m）。Hulhule 机场岛东侧主要为潟湖区，潟湖底标高−8.50～−0.80m，水下地形起伏不定，不规则发育浅滩，入口处为泊船区，内部为水上飞机跑道，见图 2.3-1。

图 2.3-1　Hulhule 机场岛现状卫星图（建成后）

本工程主要包括新建 1 条可以起降 A380-800 级大型民航客运飞机的 4F 级跑道、联络道、东西两侧机坪等。新建跑道、联络道和东侧机坪位于既有跑道东侧，西侧机坪位于既有跑道西侧，与既有机坪衔接，见图 2.3-2。

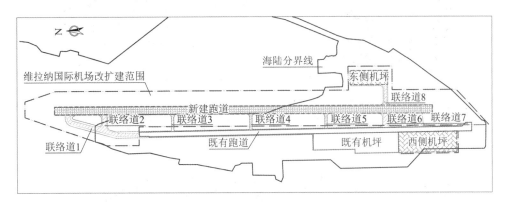

图 2.3-2　维拉纳国际机场改扩建工程平面布置

本工程的建设范围远远超出了 Hulhule 机场岛的面积，需要大面积的填海造陆。在本工程建设之前，Hulhule 机场岛的"成长历程"见图 2.3-3～图 2.3-7。

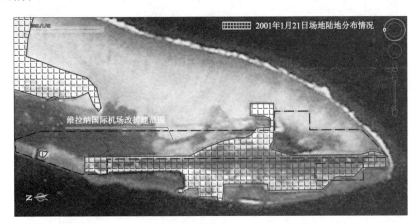

图 2.3-3　Hulhule 机场岛卫星图（2001 年 1 月 21 日）

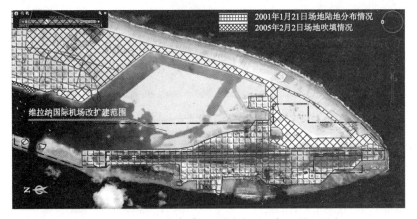

图 2.3-4　Hulhule 机场岛卫星图（2005 年 2 月 2 日）

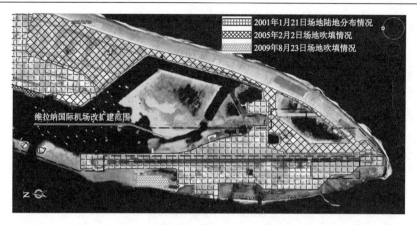

图 2.3-5　Hulhule 机场岛卫星图（2009 年 8 月 23 日）

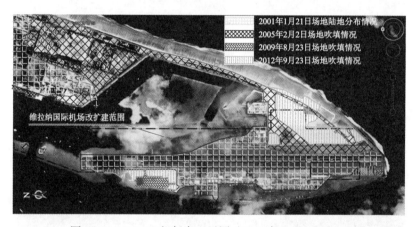

图 2.3-6　Hulhule 机场岛卫星图（2012 年 9 月 23 日）

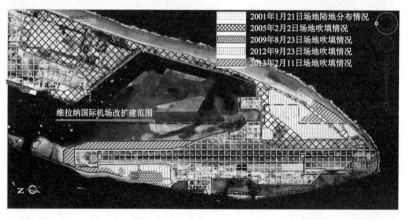

图 2.3-7　Hulhule 机场岛卫星图（2013 年 2 月 11 日）

　　本工程建设范围内其他区域的填海造陆工程于 2016 年 7 月 26 日开始，采用绞吸式挖砂船从 Hulhule 机场岛东侧潟湖内采取珊瑚砂进行吹填施工，于 2017 年 5 月初完成全部吹填工作。

　　根据吹填完成时间，即 2016 年 7 月 26 日，将 Hulhule 机场岛吹填场地分为早期吹填珊瑚砂场地（图 2.3-8）和新吹填珊瑚砂场地（图 2.3-9、图 2.3-10）。

图 2.3-8　早期吹填珊瑚砂场地现状

图 2.3-9　新吹填珊瑚砂场地吹填施工　　　图 2.3-10　新吹填珊瑚砂场地现状

2.4　区域地质

马尔代夫的环礁只有很小的一部分高出海平面，大量的小岛屿和沙洲也是这样，它们代表了马尔代夫碳酸盐台地。它们只露出了最上面的一部分，淹没了 2～3km 厚的自始新世早期（约 5500 万年前）就已经存在的最初建立在火山高原上的碳酸盐台地，见图 2.4-1、图 2.4-2。

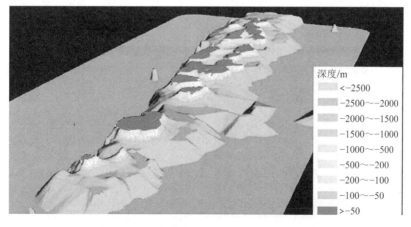

图 2.4-1　马尔代大环礁地质构造台地示意图

23

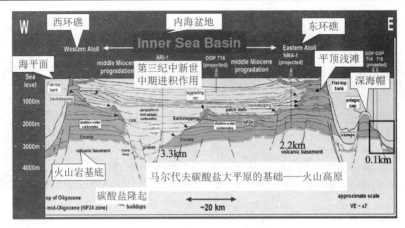

图 2.4-2　马尔代夫碳酸盐建造地质构造图

在 5000 万年的历史长河中，大多数时间马尔代夫是一个孤立的、与任何大陆有显著距离的独立碳酸盐台地。马尔代夫经历了一个在南纬度印度板块顶部进行的向北长达几千公里的漂移，从留尼汪岛南纬漂移至目前所在地理位置赤道以北几度的地方。尽管如此，马尔代夫至少有 35 亿年没有陆源（泥沙）的输入，因此，它几乎是全部由碳酸盐沉积物组成。水下大多数碳酸盐沉积物的整体形态可以用一个长而复杂的沉降和海平面变化的相互作用来进行解释（图 2.4-3）。而后者发挥了更重要的角色，特别是在过去的 50 万年，来当海平面的波动幅度已经达到了 100m 甚至更多，见图 2.4-4。

通过对一系列的内部盆地的剖析后发现，超过 2km 厚的碳酸盐堆积物连续覆盖了北马累环礁的玄武岩高原，它们是形成于始新世、发育在渐新世的大型浅水碳酸盐台地。在晚新世与中新世边界（约 2400 万年），碳酸盐台地顶部部分被淹没，该平台在其东侧仅大洋边缘在不停增长。在高纬度地区冰盖增长的间隔期海平面下降，使马尔代夫平台顶部间歇出露。

北马累环礁（55km×30km）是形成马尔代夫群岛主框架的 22 个大环礁之一。它主要是由众多长条形和亚圆形微型环礁小岛组成，例如马累岛，通过一系列的水道，将开放的外海或内海和北马累环礁主要的潟湖连接起来。主要的潟湖水深变化范围是 40～60m，并包含了一系列的亚圆形微环礁。根据马累环礁的横截面，主要的潟湖、礁几乎完全淹没，很少一部分像马累岛一样露出来[3]。

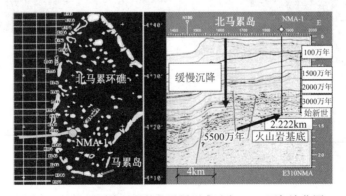

图 2.4-3　地震测线显示的北马累环礁过去 5500 万年演化图

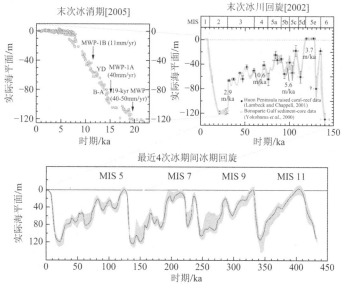

图 2.4-4　过去 50 万年来海平面变化曲线图

根据《马尔代夫跨海大桥工程场地地震危险性分析报告》，地震构造区参数见表 2.4-1。

地震构造区参数　　　　　　　　　　　　　　　　　　表 2.4-1

序号	最大震级	与本工程场地最近距离/km
1	6.0	405
2	7.5	200
3	8.0	1128
4	7.0	895
5	8.0	675
6	7.5	705
7	7.5	810

综合比较 7 个地震构造区的最大震级和与本工程场地最近距离，2 号区（震级上限 7.5，最近距离 200km）和 5 号区（最大震级 8.0，最近距离 675km）未来可能产生的地震动对本工程场地影响最为突出，而其他地震构造区距离本工程场地远、地震动影响小。

综合本工程场地地震地质、地球物理场特征及地震活动性分析，本工程场地一般场地（中硬场地）的设计地震动峰值加速度为 43gal（$g = 0.0438m/s^2$）。按照国家标准《中国地震动参数区划图》GB 18306—2015 的加速度分档标准（按 0.05g 考虑），本工程场地属于 Ⅵ 度区。

关于地震海啸，在有记载的印度洋地震海啸事件中，2004 年 12 月 26 日印尼 Sumatra 地震引起的海啸波浪高达 1.2～4.2m，对马尔代夫造成严重冲击和破坏，39 个岛造成了严重损失，马尔代夫近三分之一的人口受到严重影响，约 29580 人流离失所，12000 人无家可归。

马尔代夫地震海啸划分为 5 个等级危险区，本工程场地位于地震海啸第 5 危险区，即遭受未来地震海啸的风险高，影响大。

2.5　工程地质条件

本工程场地内 16.0m 深度范围内的地层从上至下依次为人工填土层、珊瑚砂层和礁灰岩，各地层编号见表 2.5-1。

地层编号表　　　　　　　　　　　　　　　　　　表 2.5-1

成因年代	地层编号	地层名称
人工填土 （Q^{ml}）	①$_1$	珊瑚砂素填土
	①$_2$	含珊瑚枝珊瑚砂素填土
	①$_3$	含珊瑚碎石珊瑚砂素填土
全新世 （Q）	②$_1$	珊瑚细砂
	②$_2$	珊瑚中砂
	②$_3$	珊瑚砾砂
	③	含珊瑚碎石珊瑚粗砂
	④	礁灰岩

场地内各土层详细描述如下：

珊瑚砂素填土①$_1$层：灰白色，局部为灰色，湿—饱和，一般为松散状，局部表层为中密—密实，钙质砂，以细砂为主，局部为中粗砂，含少量珊瑚枝丫及碎石，局部表层为厚度约 20cm 的耕植土，夹少量黏性土。

含珊瑚枝珊瑚砂素填土①$_2$层：灰白色，局部为灰色，湿—饱和，一般为松散状，局部表层为中密—密实，钙质砂，由中粗砂混珊瑚枝组成，以中粗砂为主，局部为角砾，局部夹薄层细砂，含一定量珊瑚枝丫及少量碎石，珊瑚枝丫含量为 15%～40%，珊瑚枝丫直径约 1cm，长度 4～10cm，局部含少量建筑垃圾及生活垃圾。

含珊瑚碎石珊瑚砂素填土①$_3$层：灰白色，局部为灰色，湿—饱和，一般为松散状，局部表层为中密—密实，钙质砂，由中粗砂混珊瑚碎石组成，以角砾为主，局部为碎石，局部夹薄层细砂，含一定量珊瑚角砾、珊瑚碎石及少量珊瑚枝丫，珊瑚角砾及碎石含量为 15%～40%，一般粒径为 5～10cm，最大粒径达 30cm 以上。

珊瑚细砂②$_1$层：灰白色，局部为浅黄色，饱和，一般为松散状，钙质砂，砂质较纯，以细砂为主，局部为中粗砂，含少许珊瑚枝丫及碎石。

珊瑚中砂②$_2$层：灰白色，局部为浅黄色，饱和，一般为松散—稍密，钙质砂，砂质较纯，以中砂为主，局部为砾砂，含少许珊瑚枝丫及碎石。

珊瑚砾砂②$_3$层：灰白色，局部为浅黄色，饱和，一般为稍密—中密，钙质砂，砂质较纯，以砾砂为主，局部为角砾，含一定量珊瑚枝丫及碎石，碎石含量约 10%，粒径为 10～15cm。

含珊瑚碎石珊瑚粗砂③层：灰白色混灰黄色，饱和，一般为松散状，局部稍密—中密，钙质砂，由中粗砂混珊瑚碎石块组成，珊瑚碎石含量在 30%～45%，块径在 2～8cm。

礁灰岩④层：灰白色，局部浅黄色，骨架多由 0.5～1.0cm 及少量 2～4cm 珊瑚砾石组成，间夹贝壳屑及不规则放射状方解石结晶珊瑚灰岩；颗粒间空隙发育，多晶状方解石胶结，属弱胶结；岩芯多呈柱状，部分呈半圆、圆柱状，节长 10～20cm，部分呈碎块状，块径 1～5cm；岩芯表面粗糙，似蜂窝状，岩质轻，锤击强度较高，岩芯存在密度差异。

典型地层和典型岩芯见图 2.5-1～图 2.5-4。各地层厚度和层顶标高见表 2.5-2。

图 2.5-1　珊瑚砂素填土①₁层典型地层

图 2.5-2　含珊瑚枝珊瑚砂素填土①₂层典型地层

图 2.5-3　含珊瑚碎石珊瑚砂素填土①₃层典型地层

图 2.5-4　礁灰岩典型岩芯照片

地层厚度及层顶标高表　　　　　　　　　　　　　　　表 2.5-2

地层编号	地层名称	揭露地层厚度/m	层底标高/m
①₁	珊瑚砂素填土		
①₂	含珊瑚枝珊瑚砂素填土	0.50～10.10	0.79～2.18
①₃	含珊瑚碎石珊瑚砂素填土		
②₁	珊瑚细砂		
②₂	珊瑚中砂	1.90～10.20	−7.35～1.10
②₃	珊瑚砾砂		
③	含珊瑚碎石珊瑚粗砂	0.50～3.00	−11.21～−6.92
④	礁灰岩	最大揭露厚度为 8.10	−12.21～−8.70

早期吹填珊瑚砂场地的典型地层剖面见图 2.5-5，新吹填珊瑚砂场地的典型地层剖面见图 2.5-6。

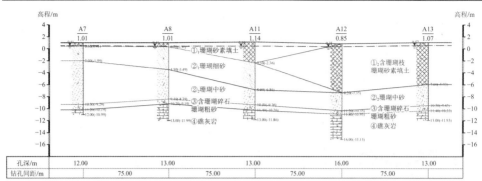

图 2.5-5　早期吹填珊瑚砂场地的典型地层剖面

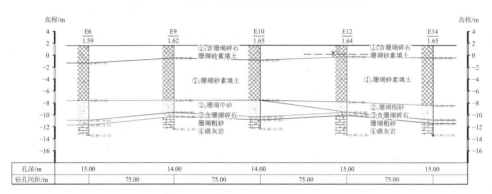

图 2.5-6　新吹填珊瑚砂场地的典型地层剖面

各地层主要物理力学指标见表 2.5-3。

各地层主要物理力学指标建议值				表 2.5-3
地层编号	地层名称	承载力特征值f_{ak}/kPa	压缩模量E_s/MPa	变形模量E_0/MPa
①$_1$	珊瑚砂素填土	140	9.0	10.0
①$_2$	含珊瑚枝珊瑚砂素填土	200	12.0	19.0
①$_3$	含珊瑚碎石珊瑚砂素填土	220	15.0	22.0
②$_1$	珊瑚细砂	160	12.0	13.0
②$_2$	珊瑚中砂	180	14.0	15.0
②$_3$	珊瑚砾砂	200	18.0	19.0
③	含珊瑚碎石珊瑚粗砂	240	20.0	25.0
④	礁灰岩	300		45.0

2.6　水文地质条件

本工程场地所在的 Hulhule 机场岛，陆域面积狭窄、地势低平，水文地质条件属于印度洋海洋环境。由于覆盖层较薄，且均为珊瑚砂层，透水性好，储水条件极差，淡水稀缺，主要来源为大气降雨，停留时间较短。

本工程场地地下水类型为潜水，与海水处于连通状态，主要补给来源为大气降水、地下径流和潮汐，主要排泄途径为地下径流、人工开采和蒸发。场地内地下水位埋藏情况见表 2.6-1。

地下水位埋藏情况一览表

表 2.6-1

地下水类型	初见水位埋深/m	初见水位绝对标高/m	稳定水位埋深/m	稳定水位绝对标高/m
潜水	0.50～1.70	−0.11～0.60	0.30～1.60	0.05～0.70

本工程场地内实测珊瑚砂地层毛细水上升高度不小于 30cm。

由于地下水与海水处于连通状态，为了研究珊瑚砂地层中地下水位与潮水位之间的关系，在收集本工程场地附近海域潮位资料的基础上，对本工程场地内地下水进行了连续观测，观测时间 2017 年 3 月 25 日—2017 年 4 月 25 日。

本次地下水位观测在早期吹填珊瑚砂场地和新吹填珊瑚砂场地分别设置 1 个观测点，观测坑尺寸为 1.5m×1.5m×1.5m，待观测坑内水位稳定后，采用全站仪等测量设备对稳定水面标高进行观测。观测坑编号及位置见图 2.6-1。

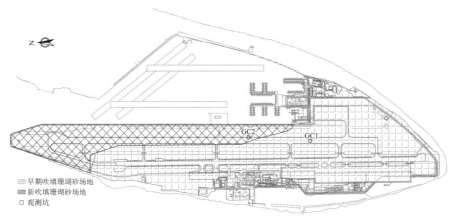

图 2.6-1　观测坑平面位置示意图

观测坑水位变化与潮水位变化关系见图 2.6-2～图 2.6-18。

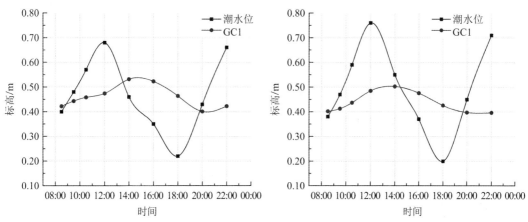

图 2.6-2　观测坑水位变化与潮水位变化关系曲线（2017 年 3 月 25 日）

图 2.6-3　观测坑水位变化与潮水位变化关系曲线（2017 年 3 月 26 日）

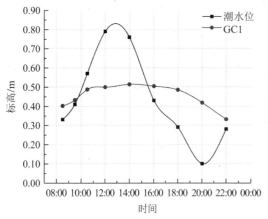

图 2.6-4　观测坑水位变化与潮水位变化关系曲线
（2017 年 3 月 27 日）

图 2.6-5　观测坑水位变化与潮水位变化关系曲线
（2017 年 3 月 28 日）

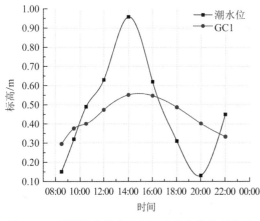
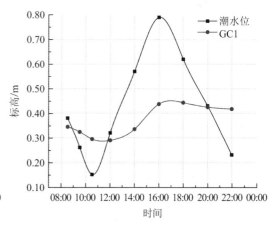

图 2.6-6　观测坑水位变化与潮水位变化关系曲线
（2017 年 3 月 29 日）

图 2.6-7　观测坑水位变化与潮水位变化关系曲线
（2017 年 4 月 2 日）

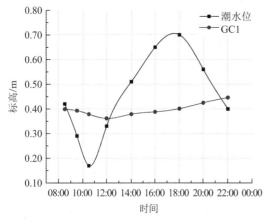
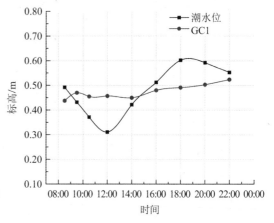

图 2.6-8　观测坑水位变化与潮水位变化关系曲线
（2017 年 4 月 3 日）

图 2.6-9　观测坑水位变化与潮水位变化关系曲线
（2017 年 4 月 4 日）

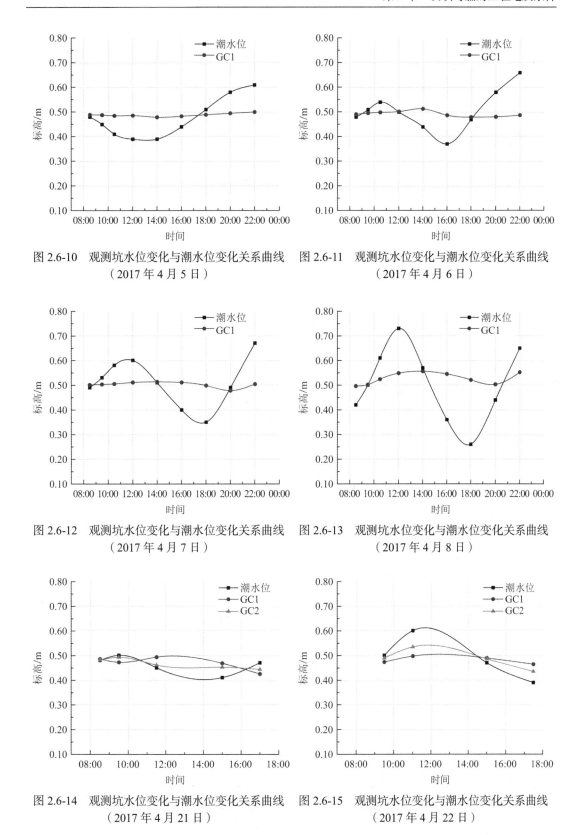

图 2.6-10　观测坑水位变化与潮水位变化关系曲线
（2017 年 4 月 5 日）

图 2.6-11　观测坑水位变化与潮水位变化关系曲线
（2017 年 4 月 6 日）

图 2.6-12　观测坑水位变化与潮水位变化关系曲线
（2017 年 4 月 7 日）

图 2.6-13　观测坑水位变化与潮水位变化关系曲线
（2017 年 4 月 8 日）

图 2.6-14　观测坑水位变化与潮水位变化关系曲线
（2017 年 4 月 21 日）

图 2.6-15　观测坑水位变化与潮水位变化关系曲线
（2017 年 4 月 22 日）

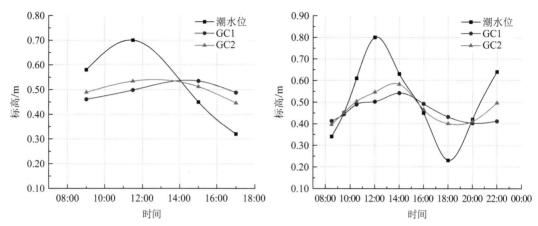

图 2.6-16 观测坑水位变化与潮水位变化关系曲线 （2017 年 4 月 23 日）　　图 2.6-17 观测坑水位变化与潮水位变化关系曲线 （2017 年 4 月 24 日）

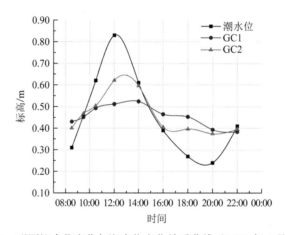

图 2.6-18 观测坑水位变化与潮水位变化关系曲线（2017 年 4 月 25 日）

　　根据观测结果，得出如下结论：

　　（1）本工程场地内地下水位会随着周边潮水水位的变化而变化，地下水位与潮水位的涨落基本相同。

　　（2）地下水位的变化幅度小于潮水位的变化幅度，距离海水更近的观测坑（GC2）内的地下水位变幅更大。

　　（3）地下水位的涨落变化略滞后于潮水水位的涨落变化。

参考文献

[1] 刘建坤，汪稔. 岛礁岩土工程[M]. 北京：中国建筑工业出版社，2023.

[2] 崔永圣. 珊瑚岛礁岩土工程特性研究[J]. 工程勘察，2014，42(9): 40-44.

[3] 魏铮. 马累岛工程地质条件分析[J]. 基础工程设计，2015(5): 63-65.

[4]　王笃礼, 王瑞永, 李建光, 等. 维拉纳国际机场改扩建项目岩土工程勘察报告[R]. 北京: 中航勘察设计研究院有限公司, 2017.

[5]　徐绪程, 李银海, 刘星, 等. 马尔代夫易卜拉欣·纳西尔国际机场改扩建工程岩土工程勘察报告[R]. 武汉: 中交第二航务工程勘察设计院有限公司, 2016.

第 3 章

珊瑚砂岩土工程特性研究

珊瑚砂作为一种特殊的土，国内外的有关专著鲜有对其进行系统性研究，相关的工程建设经验仍然很少。本工程采用多种室内试验（颗分、微观结构、相对密度、击实、压缩、蠕变等试验）和原位试验（现场密度、现场渗透、标准贯入、圆锥动力触探、平板载荷、螺旋板载荷、道基反应模量、加州承载比等现场试验）手段，对珊瑚砂的一系列岩土工程特性，特别是对新建跑道道基至关重要的压缩特性、击实特性、渗透特性、道基反应模量、加州承载比等进行了试验研究。

3.1 室内试验研究

3.1.1 珊瑚砂的矿物成分

本工程采取了典型珊瑚砂样品进行了 X 射线衍射（XRD）分析，并与南海珊瑚砂样品的分析结果进行了对比，见表 3.1-1、表 3.1-2。

本工程珊瑚砂的主要矿物成分为生物文石和镁方解石。生物文石是生物化学作用的产物，主要来源于海洋生物的骨骼，自然生成的生物文石含量较低。生物文石在自然界中不稳定，在一定条件下可转变为方解石，这意味着珊瑚砂中的方解石一部分是自然生成的，另一部分则是由生物文石转变而来的[1]。

珊瑚砂颗粒矿物成分的百分比含量对比 表 3.1-1

样品名称	矿物成分和百分比含量/%					
	石英	斜长石	方解石	生物文石	镁方解石	黏土矿物
南海珊瑚砂 A	—	—	5.9	64.5	25.2	4.4
南海珊瑚砂 B	—	—	4.1	64.7	27.2	4.0
南海珊瑚砂 C	—	0.2	4.0	70.8	20.9	4.1
南海珊瑚砂 D	0.8	—	82.3	11.4	1.0	4.5
马尔代夫珊瑚砂 A	—	0.2	9.5	61.5	24.7	4.1
马尔代夫珊瑚砂 B	—	—	1.5	85.7	8.7	4.1
马尔代夫珊瑚砂 C	—	—	1.3	92.9	2.1	3.7

珊瑚砂颗粒中黏土矿物成分的百分比含量对比　　　　　表 3.1-2

样品名称	黏土矿物成分和百分比含量/%			
	蒙皂石类 S	伊利石 I	高岭石 K	绿泥石 C
南海珊瑚砂 A	—	100	—	—
南海珊瑚砂 B	—	100	—	—
南海珊瑚砂 C	—	100	—	—
南海珊瑚砂 D	—	20	39	41
马尔代夫珊瑚砂 A	—	100	—	—
马尔代夫珊瑚砂 B	—	47	—	53
马尔代夫珊瑚砂 C	—	100	—	—

3.1.2　珊瑚砂的相对密度

根据现行国家标准《土工试验方法标准》GB/T 50123—2019，按照土粒粒径划分，测定砂土颗粒相对密度的试验方法主要有比重瓶法（粒径小于 5mm）、浮称法（粒径不小于 5mm，且其中粒径大于 20mm 的颗粒含量小于 10%）和虹吸筒法（粒径不小于 5mm，且其中粒径大于 20mm 的颗粒含量不小于 10%）[2]。

本工程采用比重瓶法对珊瑚砂样品进行相对密度试验。

1. 比重瓶校准试验方法

（1）将比重瓶洗净烘干，称量两次，准确至 0.001g，最大允许平均差值应为±0.002g，取算术平均值作为比重瓶质量。

（2）将煮沸并冷却的蒸馏水注入比重瓶，注满水并塞紧瓶塞，使多余水自瓶塞毛细管中溢出。

（3）将比重瓶放入恒温水槽，待比重瓶内水温稳定后，将比重瓶取出，擦干外壁，称比重瓶、水总质量，称量两次，准确至 0.001g，最大允许平均差值应为±0.002g，取算术平均值作为比重瓶、水总质量。

（4）将恒温水槽水温以 5℃级差调节，逐级测定不同温度下的比重瓶、水总质量。

（5）以比重瓶、水总质量为纵坐标，温度为横坐标，绘制瓶、水总质量与温度的关系曲线。

2. 相对密度试验方法

（1）将比重瓶烘干，将 12g 烘干珊瑚砂装入 50mL 比重瓶内。

（2）为了排出土中空气，向已装有烘干珊瑚砂的比重瓶内注入蒸馏水至比重瓶的一半处，摇动比重瓶，并保持珊瑚砂样浸泡时间 20h 以上，再将比重瓶放在砂浴中煮沸，煮沸时间自悬液沸腾起不少于 30min，使珊瑚砂颗粒充分分散。

（3）将蒸馏水注满比重瓶，塞好瓶塞，使多余水分自瓶塞毛细管中溢出，将比重瓶外水分擦干后，称瓶、水、珊瑚砂总质量，称量后立即测定比重瓶内水的温度，准确至 0.5℃。

（4）根据测得的温度，从已绘制的温度与瓶、水总质量关系曲线中查得瓶水总质量。

3. 相对密度的计算公式

$$G_s = \frac{m_d}{m_{bw} + m_d - m_{bws}} G_{wT} \tag{3.1-1}$$

式中：m_d——烘干珊瑚砂的质量；

$\quad\quad m_{bw}$——比重瓶、水总质量；

$\quad\quad m_{bws}$——比重瓶、水、珊瑚砂总质量；

$\quad\quad G_{wT}$——$T{}^{\circ}\text{C}$时蒸馏水的相对密度，准确至 0.001。

4. 试验结果

（1）比重瓶校准试验结果见表 3.1-3 和图 3.1-1。

比重瓶校准试验数据 　　　　　　　　　　　　　表 3.1-3

比重瓶编号	比重瓶质量m_b/g	比重瓶、水总质量m_{bw}/g	测试温度T/℃
101	30.197	83.307	20.0
		83.238	25.0
		83.160	30.0
		83.054	35.0
		82.965	40.0
102	30.724	82.089	20.0
		82.045	25.0
		81.976	30.0
		81.896	35.0
		81.810	40.0
103	31.421	83.659	20.0
		83.602	25.0
		83.529	30.0
		83.435	35.0
		83.348	40.0

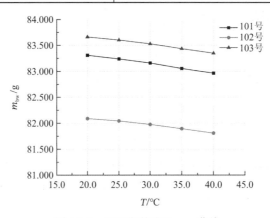

图 3.1-1　比重瓶校准T-m_{bw}曲线

（2）珊瑚砂相对密度试验结果见表 3.1-4。

珊瑚砂相对密度试验结果　　　　　　　　　　　表 3.1-4

试验编号	珊瑚砂质量/g	比重瓶、水、珊瑚砂总质量m_{bws}/g	测试温度T/℃	蒸馏水相对密度G_{wT}	珊瑚砂相对密度G_s
S1-0	12.000	90.934	25.0	0.997	2.78
S1-1	12.000	89.741	25.0	0.997	2.78
S1-2	12.000	91.298	25.0	0.997	2.78

3.1.3　珊瑚砂的颗粒形貌

颗粒形貌是砂土的重要特征之一，不仅可以反映砂土颗粒的形成历史、搬运过程等，还对砂土的孔隙比、颗粒强度、压缩特性、剪切特性等物理力学性质起着决定性作用。本工程采用微观拍照、X 射线衍射（XRD）分析、X 射线无损探伤检测（CT 成像）和扫描电镜分析的多种方法，对珊瑚砂样品的颗粒形貌进行了研究。

1. 微观拍照

根据珊瑚砂样品微观照片（图 3.1-2～图 3.1-19），珊瑚砂的颗粒形状极其不规则，颗粒棱角度高，主要可分为块状、片状、条状，同时还含有一定数量的贝壳、螺壳等海洋生物残骸。

图 3.1-2　珊瑚砂样品微观照片 1

图 3.1-3　珊瑚砂样品微观照片 2

图 3.1-4　珊瑚砂样品微观照片 3

图 3.1-5　珊瑚砂样品微观照片 4

图 3.1-6　珊瑚砂样品微观照片 5

图 3.1-7　珊瑚砂样品微观照片 6

图 3.1-8　珊瑚砂样品微观照片 7

图 3.1-9　珊瑚砂样品微观照片 8

图 3.1-10　珊瑚砂样品微观照片 9

图 3.1-11　珊瑚砂样品微观照片 10

图 3.1-12　珊瑚砂样品微观照片 11

图 3.1-13　珊瑚砂样品微观照片 12

图 3.1-14　珊瑚砂样品微观照片 13

图 3.1-15　珊瑚砂样品微观照片 14

图 3.1-16　珊瑚砂样品微观照片 15

图 3.1-17　珊瑚砂样品微观照片 16

图 3.1-18　珊瑚砂样品微观照片 17

图 3.1-19　珊瑚砂样品微观照片 18

2. X 射线衍射（XRD）分析

根据珊瑚砂样品 X 射线衍射（XRD）分析（图 3.1-20～图 3.1-35），珊瑚砂颗粒还保留有原生生物形态，原生孔隙发育，孔隙形状相对规则，颗粒表面粗糙，多受微裂隙切割呈块状、条状、片状，从而也反映出珊瑚砂颗粒强度低、易破碎的内在原因。

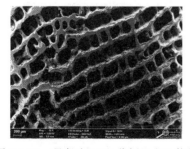

图 3.1-20　珊瑚砂 XRD 分析 1（25 倍）

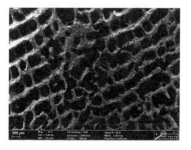

图 3.1-21　珊瑚砂 XRD 分析 2（25 倍）

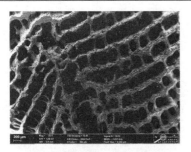
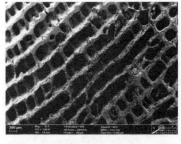

图 3.1-22　珊瑚砂 XRD 分析 3（25 倍）　　图 3.1-23　珊瑚砂 XRD 分析 4（25 倍）

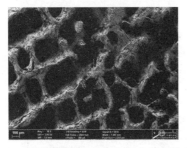
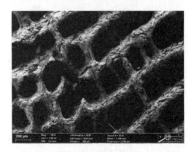

图 3.1-24　珊瑚砂 XRD 分析 1（50 倍）　　图 3.1-25　珊瑚砂 XRD 分析 2（50 倍）

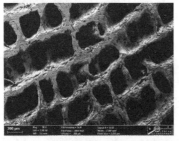
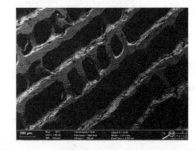

图 3.1-26　珊瑚砂 XRD 分析 3（50 倍）　　图 3.1-27　珊瑚砂 XRD 分析 4（50 倍）

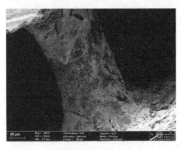

图 3.1-28　珊瑚砂 XRD 分析 1（500 倍）　　图 3.1-29　珊瑚砂 XRD 分析 2（500 倍）

图 3.1-30　珊瑚砂 XRD 分析 1（1500 倍）　　图 3.1-31　珊瑚砂 XRD 分析 2（1500 倍）

图 3.1-32　珊瑚砂 XRD 分析 1（5000 倍）　　图 3.1-33　珊瑚砂 XRD 分析 2（5000 倍）

 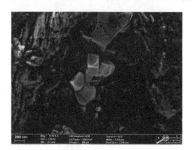

图 3.1-34　珊瑚砂 XRD 分析 1（1 万倍）　　图 3.1-35　珊瑚砂 XRD 分析 2（3 万倍）

3. X 射线无损探伤检测（CT 成像）

根据 X 射线无损探伤检测（CT 成像，图 3.1-38～图 3.1-43），珊瑚砂颗粒之间具有点接触、线接触、架空、咬合、镶嵌等多种接触关系，使得珊瑚砂具有独特的单粒支撑结构。因此，珊瑚砂颗粒之间的摩擦力较大，颗粒不易发生运动以达到更加稳定的状态；在外加荷载等因素的影响下，会缓慢地向更为稳定的状态移动，所需要的时间周期相对很长，这也是珊瑚砂具有蠕变特性的决定性因素。

图 3.1-36　YXLON FF2 CT 系统　　　　图 3.1-37　样品实物

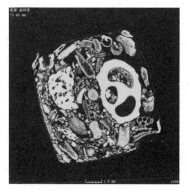 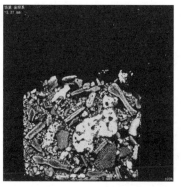

图 3.1-38　10mm 方体样品俯视图　图 3.1-39　10mm 方体样品侧视图

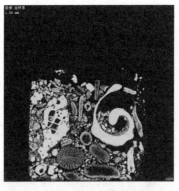

图 3.1-40　10mm 方体样品正视图　　图 3.1-41　20mm 方体样品俯视图

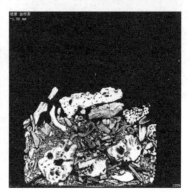

图 3.1-42　20mm 方体样品侧视图　　图 3.1-43　20mm 方体样品正视图

4. 扫描电镜分析

为了对比分析珊瑚砂、石英砂和黏性土样品颗粒形貌的差异，采用日立（HITACHI）S-4800 扫描电镜对珊瑚砂、石英砂和黏性土样品进行了扫描分析。

根据扫描电镜结果（图 3.1-44～图 3.1-51），珊瑚砂、石英砂、黏性土的颗粒形貌存在明显差异。

珊瑚砂颗粒形状为层叠状多孔隙蜂窝结构，多由长柱状组成，层叠状构架多已破坏，破碎成不规则的碎屑状，颗粒大小不均。石英砂颗粒多呈带棱角的球状，颗粒粒径较均匀。黏性土颗粒为片层单片堆叠而成的片堆颗粒单元，扁平状的片堆以及单片间又以边-面、边-边为主，少量面-面接触的形式构成定向性无序的开放式絮凝结构。

图 3.1-44　珊瑚砂样品 1（1 万倍）　　图 3.1-45　珊瑚砂样品 2（1 万倍）

图 3.1-46　石英砂样品（1 万倍）

图 3.1-47　黏性土样品（1 万倍）

图 3.1-48　珊瑚砂样品 1（5 万倍）

图 3.1-49　珊瑚砂样品 2（5 万倍）

图 3.1-50　石英砂样品（5 万倍）

图 3.1-51　黏性土样品（5 万倍）

3.1.4　珊瑚砂的孔隙特性

珊瑚砂颗粒大多保留有原生生物骨架中的细小孔隙，颗粒内孔隙发育，具有与陆源石英砂不同的孔隙结构特性，从微观角度研究珊瑚砂孔隙特性，对于揭示珊瑚砂的特殊物理力学性质是十分重要的。

1. X 射线探测研究

根据 X 射线无损探伤检测（CT 成像，图 3.1-38～图 3.1-43），对规格 10mm 方体样品进行灰度分析，样品所占体素总数 32946390，体素体积 0.0322mm^3，内空隙（≥2μm）所占百分比为 40.23%；对规格 20mm 方体样品进行灰度分析，样品所占体素总数 25328748，体素体积 0.0677mm³，内孔隙（≥2μm）所占百分比为 38.53%。

另外，对礁灰岩块进行了 X 射线无损探伤检测（CT 成像），样品 1（直径 10mm、高度 26mm）和样品 2（直径 30mm、高度 30mm）见图 3.1-52。

图 3.1-52　样品 1 与样品 2 实物

根据 X 射线无损探伤检测（CT 成像，图 3.1-53～图 3.1-58），对样品 1 进行灰度分析，样品所占体素总数 116904592，体素体积 0.0267mm³，内孔隙所占百分比为 14.80%；对样品 2 进行灰度分析，样品所占体素总数 197890618，体素体积 0.0427mm³，内孔隙所占百分比为 18.43%。

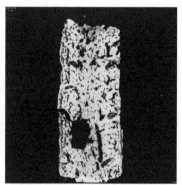

图 3.1-53　样品 1 俯视图　　　　图 3.1-54　样品 1 侧视图

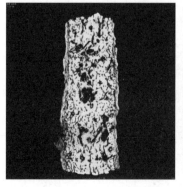
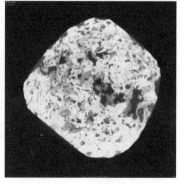

图 3.1-55　样品 1 正视图　　　　图 3.1-56　样品 2 俯视图

图 3.1-57　样品 2 侧视图　　　　图 3.1-58　样品 2 正视图

2. 密度试验研究

本工程吹填的珊瑚砂，形状、颗粒大小不均，基本可以分为小颗粒的珊瑚砂和大颗粒的珊瑚砂（又称珊瑚枝），见图 3.1-59、图 3.1-60。

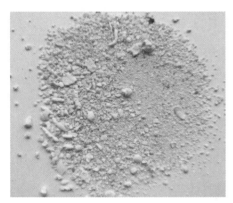
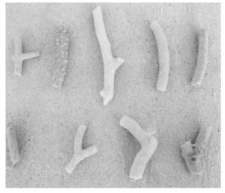

图 3.1-59　小颗粒珊瑚砂　　　　图 3.1-60　大颗粒珊瑚砂（珊瑚枝）

室内试验测得珊瑚砂的相对密度为 2.78，大于蜡的相对密度 0.92，可采用蜡封法测定珊瑚砂的孔隙比。蜡封法试验温度 20℃。

对珊瑚砂的成分进行化学分析，分析结果见表 3.1-5。

珊瑚砂化学成分分析　　　　　　　　　　　　　　　　　　表 3.1-5

化学成分	大颗粒珊瑚砂（珊瑚枝）		小颗粒珊瑚砂	
	mg/kg	mmol/kg	mg/kg	mmol/kg
pH 值	7.82		7.96	
Ca^{2+}	109.78	2.744	119.64	2.991
Mg^{2+}	41.92	1.746	35.89	1.495
Cl^-	101.04	2.846	2097.77	59.092
SO_4^{2-}	86.23	0.898	86.14	0.897
HCO_3^-	531.88	8.719	447.46	7.335

经分析可得,珊瑚砂的化学成分以碳酸氢钙、氯化钙为主,含碱性物质,经过过滤的 pH 值一般为 7.0~8.0。

试验所采用吹填珊瑚砂是既包括大颗粒珊瑚砂(珊瑚枝)又包括小颗粒珊瑚砂的混合物,这些珊瑚砂既包括表面不规则敞口孔隙,内部也有封闭内孔隙(孔隙内部为水和气)。考虑到珊瑚砂的化学成分及物理特性,研究分析如下:

假设某堆珊瑚砂由大颗粒和小颗粒珊瑚砂混合而成,且颗粒之间无咬合情况,则珊瑚砂总体积:

$$V = V_1 + V_2 + V_z \tag{3.1-2}$$

式中:V——珊瑚砂总体积;

V_1——小颗粒珊瑚砂总体积;

V_2——大颗粒珊瑚砂(珊瑚枝)总体积;

V_z——颗粒间空隙体积。

小颗粒珊瑚砂总体积:

$$V_1 = V_{s1} + V_{i1} + V_{o1} \tag{3.1-3}$$

式中:V_{s1}——小颗粒珊瑚砂固相体积;

V_{i1}——小颗粒珊瑚砂密闭孔隙总体积;

V_{o1}——小颗粒珊瑚砂敞口孔隙总体积。

大颗粒珊瑚砂(珊瑚枝)总体积:

$$V_2 = V_{s2} + V_{i2} + V_{o2} \tag{3.1-4}$$

式中:V_{s2}——大颗粒珊瑚砂(珊瑚枝)固相体积;

V_{i2}——大颗粒珊瑚砂(珊瑚枝)密闭孔隙总体积;

V_{o2}——大颗粒珊瑚砂(珊瑚枝)敞口孔隙总体积。

从而得到珊瑚砂孔隙比e:

$$e = \frac{V_z}{V_1 + V_2} \tag{3.1-5}$$

现场试验时,混合物的含水率w:

$$w = 100 \times \left(\frac{\rho_w}{\rho_d} - 1 \right) \tag{3.1-6}$$

式中:ρ_w——大颗粒和小颗粒珊瑚砂混合物的湿密度;

ρ_d——干密度。

将小颗粒珊瑚砂粉碎,求其固相体积:

$$V_{s1} = \frac{m_1}{\rho_{s1}} \tag{3.1-7}$$

式中:V_{s1}——粉碎后小颗粒珊瑚砂体积;

ρ_{s1}——通过比重瓶法求得固相珊瑚砂的密度,$\rho_{s1} = 2.78 \text{g/cm}^3$;

m_1——珊瑚砂的干质量。

小颗粒珊瑚砂的湿土质量m可通过现场试验测得,珊瑚砂总体积V和粉碎后小颗粒体积V_{s1}计算结果见表 3.1-6。

珊瑚砂混合物总试样体积 V 及小颗粒珊瑚砂颗粒体积 V_{s1}　　　表 3.1-6

试样编号	试样总体积 V/mL	珊瑚砂颗粒湿密度ρ_w/（g/cm³）	珊瑚砂颗粒干密度ρ_d/（g/cm³）	混合物含水率w/%	粉碎后小颗粒珊瑚砂颗粒体积V_{s1}			
					珊瑚砂湿质量m/g	珊瑚砂颗粒干质量m_1/g	粉碎后珊瑚砂密度ρ_{s1}/（g/cm³）	$V_{s1} = m_1/\rho_{s1}$/mL
1	9400	1.88	1.66	13.25	12050	10639.89	2.78	3827.30
2	10510	1.89	1.65	14.55	15120	13200.00	2.78	4748.20
3	10320	1.83	1.62	12.96	12810	11340.00	2.78	4079.14
4	10060	1.84	1.65	11.52	12860	11532.07	2.78	4148.22
5	9810	1.94	1.74	11.49	15560	13946.91	2.78	5016.87

利用蜡封法求大颗粒珊瑚砂（珊瑚枝）的体积 V_{s2}。首先，计算出烘干的大颗粒珊瑚砂（珊瑚枝）和蜡的相对密度：

$$\rho_{s2} = \frac{m_6}{m_6 + m_7 - m_8}$$ (3.1-8)

式中：ρ_{s2}——烘干的大颗粒珊瑚砂（珊瑚枝）和蜡的相对密度；

$\quad\quad m_6$——烘干的大颗粒珊瑚砂（珊瑚枝）和蜡的总质量；

$\quad\quad m_7$——瓶和液体的总质量；

$\quad\quad m_8$——瓶、液体、烘干的大颗粒珊瑚砂（珊瑚枝）和蜡的总质量。

其次，计算出烘干的大颗粒珊瑚砂（珊瑚枝）和蜡的体积：

$$V_3 = \frac{m_6}{\rho_{s2}}$$ (3.1-9)

式中：V_3——烘干的大颗粒珊瑚砂（珊瑚枝）和蜡的体积。

已知蜡的相对密度 $\rho_n = 0.92$，计算出蜡的体积：

$$V_4 = \frac{m_6 - m_4}{\rho_n}$$ (3.1-10)

式中：V_4——蜡的体积；

$\quad\quad m_4$——烘干的大颗粒珊瑚砂（珊瑚枝）的质量。

计算出烘干的大颗粒珊瑚砂（珊瑚枝）的体积：

$$V_5 = V_3 - V_4$$ (3.1-11)

式中：V_5——烘干的大颗粒珊瑚砂（珊瑚枝）的体积。

进而计算出试坑内烘干的大颗粒珊瑚砂（珊瑚枝）的体积：

$$V_2 = m_3 \times \frac{V_5}{m_4}$$ (3.1-12)

式中：V_2——试坑内烘干的大颗粒珊瑚砂（珊瑚枝）的体积；

$\quad\quad m_3$——试坑内烘干的大颗粒珊瑚砂（珊瑚枝）的总质量。

因粉碎后大颗粒珊瑚砂（珊瑚枝）的固相密度 $\rho_{s1} = 2.78$，则大颗粒珊瑚砂（珊瑚枝）固体颗粒体积：

$$V_{s2} = \frac{m_3}{\rho_{s1}}$$ (3.1-13)

式中：V_{s2}——试坑内烘干的大颗粒珊瑚砂（珊瑚枝）固体颗粒体积。

从而计算出大颗粒珊瑚砂（珊瑚枝）密闭孔隙和敞口孔隙之和：

$$V_{k2} = V_2 - V_{s2} \tag{3.1-14}$$

式中：V_{k2}——大颗粒珊瑚砂（珊瑚枝）密闭孔隙和敞口孔隙之和。

针对小颗粒珊瑚砂内孔隙，孙宗勋[3]研究认为珊瑚砂内孔隙占全部孔隙的 10%左右，即小颗粒珊瑚砂密闭孔隙和敞口孔隙之和：

$$V_{k1} = 0.1 \times (V - V_2 - V_{s1}) \tag{3.1-15}$$

式中：V_{k1}——小颗粒珊瑚砂密闭孔隙和敞口孔隙之和。

根据式(3.1-2)，颗粒之间孔隙体积：

$$V_z = V - V_2 - V_{s1} - V_{k1} \tag{3.1-16}$$

最终计算出孔隙比e：

$$e = \frac{V_z}{V_{s1} + V_{s2}} \tag{3.1-17}$$

大颗粒珊瑚砂（珊瑚枝）的湿土质量m_2可通过现场试验测得，蜡封法计算大颗粒珊瑚砂（珊瑚枝）体积V_{s2}和珊瑚砂珊瑚枝混合物孔隙比e计算结果见表 3.1-7、表 3.1-8。

蜡封法计算大颗粒珊瑚砂（珊瑚枝）体积 V_{s2}　　　　表 3.1-7

试样编号	m_2/g	m_3/g	m_4/g	m_6/g	m_7/g	m_8/g	ρ_{s2}	V_3/mL	V_4/mL	V_5/mL	V_2/mL
1	5620.0	4962.34	94.38	108.02	372.03	420.75	1.82	59.30	14.83	44.47	2338.36
2	4720.0	4120.63	100.23	112.46	372.03	424.38	1.87	60.11	13.29	46.82	1924.71
3	6120.0	5417.70	114.25	125.54	372.03	435.39	2.02	62.18	12.27	49.91	2366.64
4	5680.0	5093.48	122.78	131.83	372.03	440.71	2.09	63.15	9.84	53.31	2211.67
5	3480.0	3121.24	114.33	123.93	372.03	433.59	1.99	62.37	10.43	51.94	1417.84

注：m_2—试坑内大颗粒珊瑚砂（珊瑚枝）湿土总质量。

珊瑚砂珊瑚枝混合物孔隙比　　　　表 3.1-8

试样编号	V_{s2}/mL	V_{k2}/mL	V_{k1}/mL	V_z/mL	e
1	1785.01	553.35	323.43	2910.90	0.519
2	1482.24	442.47	383.71	3453.38	0.554
3	1948.81	417.82	387.42	3486.80	0.578
4	1832.19	379.48	370.01	3330.09	0.557
5	1122.75	295.10	337.53	3037.75	0.495

以上 5 组试样均在振动碾压地基处理后的吹填珊瑚砂场地上采取，数据分析后得出珊瑚砂孔隙比在 0.495～0.578 之间，其中，混合物内孔隙之和占总体积的百分比为 6.449%～9.328%，混合物固体颗粒体积占总体积的百分比为 58.410%～62.585%，见图 3.1-61。

以 1 号试样混合物为例，各体积所占百分比见图 3.1-62，可得混合物中固体颗粒占比为 60%，颗粒之间的孔隙占比 31%，内孔隙占比 9%。内孔隙虽占比最小，但工程研究中不容忽略。

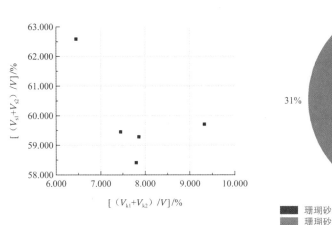

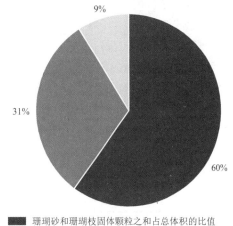

珊瑚砂和珊瑚枝固体颗粒之和占总体积的比值
珊瑚砂和珊瑚枝颗粒之间孔隙之和占总体积的比值
珊瑚砂和珊瑚枝内孔隙之和占总体积的比值

图 3.1-61　混合物内孔隙体积和固体颗粒体积　　图 3.1-62　1 号试坑混合物各体积所占百分比示意图
　　　　　　占总体积百分比

3.1.5　珊瑚砂的颗粒组成

根据现行国家标准《土工试验方法标准》GB/T 50123—2019，按照颗粒大小和级配情况，颗粒分析试验方法主要有筛析法（粒径 0.075～60mm）、密度计法（粒径小于 0.075mm）和移液管法（粒径小于 0.075mm）。

本工程采用筛析法对珊瑚砂样品进行颗粒分析试验，以获得珊瑚砂的颗粒组成及级配情况。

1. 颗粒分析试验方法

（1）用天平称取一定质量的珊瑚砂试样，精确至 0.1g。

（2）检查标准试验筛叠放顺序是否正确（大孔径在上，小孔径在下），确保筛孔干净，将已称量的珊瑚砂试样倒入顶层试验筛中，放在振筛机上振摇，振摇持续时间一般为 10～15min。

（3）按顺序将各筛取下，在白纸上用手轻叩、摇晃试验筛，当仍有颗粒漏下时，应继续轻叩、摇晃试验筛，至无颗粒漏下为止。漏下的颗粒应全部放入下级试验筛中。

（4）称量留在各试验筛上的颗粒质量，准确至 0.1g。

（5）筛前试样总质量与筛后各级试验筛上和试验筛底试样质量的总和的差值不得大于试样总质量的 1%。

2. 级配指标

（1）不均匀系数 C_u

$$C_u = \frac{d_{60}}{d_{10}} \tag{3.1-18}$$

式中：d_{60}——限制粒径，在粒径分布曲线上小于该粒径的土含量占总土质量的 60% 的粒径；

　　　d_{10}——有效粒径，在粒径分布曲线上小于该粒径的土含量占总土质量的 10% 的粒径。

（2）曲率系数 C_c

$$C_c = \frac{d_{30}^2}{d_{60}d_{10}} \tag{3.1-19}$$

式中：d_{30}——在粒径分布曲线上小于该粒径的土含量占总土质量的30%的粒径。

3. 试验结果

根据颗粒分析试验结果（表3.1-9和图3.1-63），珊瑚砂的颗粒粒径集中分布在0.25～0.5mm和0.075～0.25mm，平均占比分别为25.5%和34.7%；颗粒粒径大于20mm的累计平均占比为5.3%；颗粒粒径2～20mm的累计平均占比为13.3%；颗粒粒径0.5～2mm的累计平均占比为11.4%；颗粒粒径小于0.075mm的平均占比为5.0%。

根据现行国家标准《岩土工程勘察规范》GB 50021—2001（2009年版）定名（表3.1-10和图3.1-64），珊瑚砂以中砂和细砂为主，占比分别为41.8%和37.3%；碎石、角砾的累计占比为14.3%，砾砂、粗砂的累计占比为6.6%。

颗粒粒径分布统计表　　　　表3.1-9

统计指标	颗粒粒径百分比/%											
	>100	60～100	40～60	20～40	10～20	5～10	2～5	1～2	0.5～1	0.25～0.5	0.075～0.25	<0.075
平均值	0.0	0.1	0.6	4.6	4.1	2.5	6.7	4.3	7.1	25.5	34.7	5.0
最大值	0.0	6.9	25.3	56.3	9.8	6.1	15.0	6.3	10.8	49.6	60.1	11.9
最小值	0.0	0.0	0.0	0.0	0.5	0.7	3.9	3.1	4.7	2.7	2.0	0.6
样本数	91	91	91	91	91	91	91	91	91	91	91	91

岩土分类统计表　　　　表3.1-10

统计指标	依据《岩土工程勘察规范》GB 50021—2001（2009年版）定名					
	碎石	角砾	砾砂	粗砂	中砂	细砂
样本数/组	5	8	3	3	38	34
百分比/%	5.5	8.8	3.3	3.3	41.8	37.3

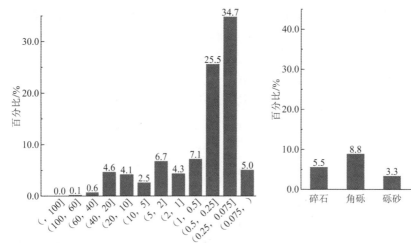

图3.1-63　颗粒粒径分布柱状图（平均值）　　　图3.1-64　岩土分类分布柱状图

选取珊瑚砂中的中砂、细砂样品颗粒分析试验结果，分别绘制粒径级配累积曲线，见图3.1-65、图3.1-66。根据粒径级配累积曲线，得到珊瑚砂（中砂）的不均匀系数C_u为

3.54～4.89，小于 5，曲率系数 C_c 为 0.74～1.69，为级配不良砂土；珊瑚砂（细砂）的不均匀系数 C_u 为 2.67～4.27，小于 5，曲率系数 C_c 为 0.60～0.90，为级配不良砂土（表 3.1-11 和表 3.1-12）。

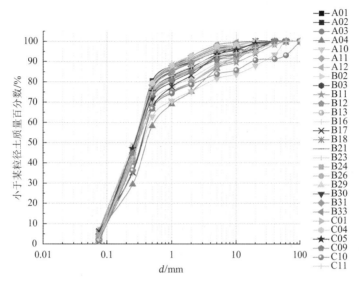

图 3.1-65　粒径级配累积曲线（定名：中砂）

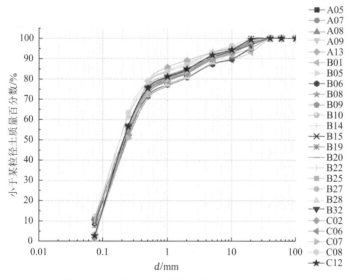

图 3.1-66　粒径级配累积曲线（定名：细砂）

珊瑚砂（中砂）的级配指标统计表　　　　　　　　　　　　　表 3.1-11

统计指标	d_{60}/mm	d_{30}/mm	d_{10}/mm	C_u	C_c
平均值	0.36	0.17	0.092	3.97	0.92
最大值	0.45	0.26	0.100	4.89	1.69
最小值	0.32	0.15	0.082	3.54	0.74
样本数	29	29	29	29	29

统计指标	d_{60}/mm	d_{30}/mm	d_{10}/mm	C_u	C_c
平均值	0.29	0.13	0.083	3.61	0.77
最大值	0.35	0.15	0.092	4.27	0.90
最小值	0.23	0.12	0.070	2.67	0.60
样本数	25	25	25	25	25

珊瑚砂（细砂）的级配指标统计表　　　　　　　　表 3.1-12

通过以上颗粒分析试验结果可知，本工程的珊瑚砂颗粒以中砂、细砂为主要粒径，夹杂着不同比例的粗砂、砾砂、角砾、碎石等粒径。不同区域、不同吹填阶段形成的珊瑚砂的颗粒组成存在较大差别，珊瑚砂是一种非均匀材料。

3.1.6　珊瑚砂的击实特性

本工程采用重型击实试验对珊瑚砂的击实特性进行研究。

击实试验是用锤击实土样以了解土的压实特性的一种方法，这个方法是用不同的击实功（锤重×落距×锤击次数）分别锤击不同含水率的土样，并测定相应的干密度，从而求得最大干密度及最优含水率。重型击实试验的试验方法如下：

1. 珊瑚砂试样制备方法

（1）试样制备采用干法制备。用四点分法取一定质量的代表性风干珊瑚砂样 50kg，放在橡皮板上用木碾碾散。

（2）过 20mm 试验筛，将试验筛下珊瑚砂样搅拌均匀，并测定珊瑚砂样的风干含水率；按相邻珊瑚砂试样含水率相差约 2%的原则，制备 1 组（9 个）珊瑚砂试样，并计算加水量。

（3）将约 5.0kg 珊瑚砂样平铺于不吸水的盛土盘内，按预定含水率用喷水设备往珊瑚砂样上均匀喷洒所需加水量，搅拌均匀并装入塑料袋内或密封于盛土器内静置备用，静置时间不小于 2h。

2. 珊瑚砂试验击实方法

（1）将击实仪平稳放置在坚实的地面上，击实筒内壁和底板均匀涂抹一薄层润滑油，连接好击实筒与底板，安装好护筒。检查仪器各部件及配套设备的性能是否正常，并做好记录。

（2）从制备好的一份珊瑚砂试样中称取一定质量的珊瑚砂料，分 5 层倒入击实筒内并将土面整平，每层土料的质量为 900～1100g（以击实后珊瑚砂试样高度略高于击实筒的 1/5 为准）。

（3）采用手工分层击实，严格使击锤自由垂直下落，锤击点必须均匀分布于土面上，每层 56 击。击实后的每层珊瑚砂试样高度应大致相等，两层交接面的土面应刨毛。击实完成后，超出击实筒顶的试样高度应小于 6mm。

（4）用修土刀沿护筒内壁削挖后，扭动并取下护筒，测出超高（应取多个测值平均，精确到 0.1mm）。沿击实筒顶细心修平试样，拆除底板。如试样底面超出筒外，应修平。擦净筒外壁，称量准确至 1g。

（5）用推土器从击实筒内推出试样，从试样中心处取 2 个 50~100g 珊瑚砂样平行测定含水率，并计算干密度，称量准确至 0.01g，2 个含水率的最大允许差值不大于±1%。

（6）重复上述步骤，对其他含水率的珊瑚砂试样进行击实，不重复使用珊瑚砂试样。

（7）以干密度为纵坐标，含水率为横坐标，绘制干密度与含水率的关系曲线。曲线上峰值点的纵、横坐标分别代表土的最大干密度和最优含水率。

3. 试验结果

根据击实试验，珊瑚砂的干密度ρ_d与含水率w的关系曲线见图 3.1-67、图 3.1-68。

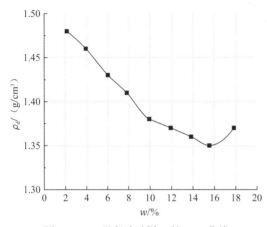

图 3.1-67　珊瑚砂试样 1 的ρ_d-w曲线

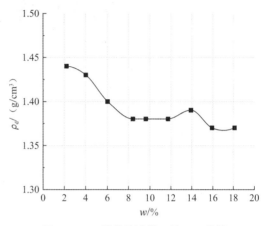

图 3.1-68　珊瑚砂试样 2 的ρ_d-w曲线

根据珊瑚砂的干密度ρ_d与含水率w的关系曲线，珊瑚砂不具有最大干密度和最优含水率，也反映出在实际工程（道路、机场场道）中采用击实试验确定最大干密度，进而确定压实度的常规手段并不适用于珊瑚砂。

3.1.7　珊瑚砂的压缩特性

本工程采取珊瑚砂重塑试样进行标准固结试验，以研究珊瑚砂的压缩特性。

1. 试样制备

（1）采用珊瑚砂制备干密度为 1.43g/cm³ 的重塑试样，用于模拟刚吹填形成的未经地基处理的珊瑚砂场地，测得其初始孔隙比e_0为 0.9440。

（2）采用珊瑚砂制备干密度为 1.60g/cm³ 的重塑试样，用于模拟经过地基处理后的珊瑚砂场地，测得其初始孔隙比e_0为 0.7375。

2. 试验地点

（1）在马尔代夫现场实验室分别对干密度为 1.43g/cm³ 和 1.60g/cm³ 的重塑试样进行标准固结试验。

（2）在北京实验室对干密度为 1.43g/cm³ 的重塑试样进行标准固结试验，并在考虑环境振动情况下进行标准固结试验。

3. 试验压力级别和试验时间

（1）加压等级依次为 50kPa、100kPa、200kPa。

（2）试验时间为 10000min，最大试验时间 89d（128160min）。

试验过程见图 3.1-69。

图 3.1-69　试验过程

4. 试验结果

根据在马尔代夫现场实验室的标准固结试验，得出两种干密度试样的孔隙比e与压力P的关系见图 3.1-70、图 3.1-71。

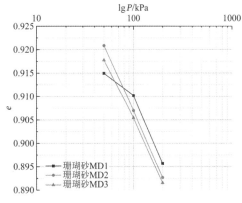

图 3.1-70　马尔代夫珊瑚砂e-lg$P$曲线
（干密度 1.43g/cm³）

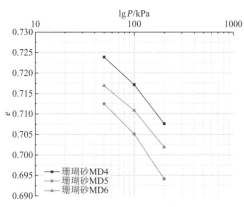

图 3.1-71　马尔代夫珊瑚砂e-lg$P$曲线
（干密度 1.60g/cm³）

压缩指数C_c是指在侧限条件下孔隙比的减小量与有效应力常用对数增量的比值，表达式为：

$$C_c = \frac{e_1 - e_2}{\lg P_2 - \lg P_1} \tag{3.1-20}$$

式中：e_1、e_2——e-lg$P$曲线直线段上两点的孔隙比；

P_1、P_2——相应于e_1、e_2点压力。

根据式(3.1-20)计算，两种干密度试样的压缩指数C_c计算结果见表 3.1-13。

压缩指数计算表　　　　　　　　　　　　　　表 3.1-13

试样编号	初始干密度/（g/cm³）	P_1/kPa	P_2/kPa	P_1对应的孔隙比e_1	P_2对应的孔隙比e_1	压缩指数C_c	压缩指数C_c平均值
MD1	1.43	100	200	0.9102	0.8957	0.05	
MD2	1.43	100	200	0.9070	0.8927	0.05	0.05
MD3	1.43	100	200	0.9054	0.8915	0.05	

试样编号	初始干密度/ (g/cm³)	P_1/kPa	P_2/kPa	P_1对应的 孔隙比e_1	P_2对应的 孔隙比e_1	压缩指数C_c	压缩指数C_c 平均值
MD4	1.60	100	200	0.7172	0.7076	0.03	
MD5	1.60	100	200	0.7051	0.6942	0.04	0.03
MD6	1.60	100	200	0.7108	0.7019	0.03	

根据在马尔代夫现场实验室的标准固结试验，得出两种干密度试样的孔隙比e与时间t的关系见图 3.1-72、图 3.1-73。

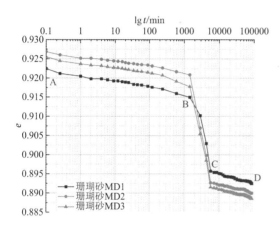

图 3.1-72　马尔代夫珊瑚砂e-lg$t$曲线
（干密度 1.43g/cm³ ）

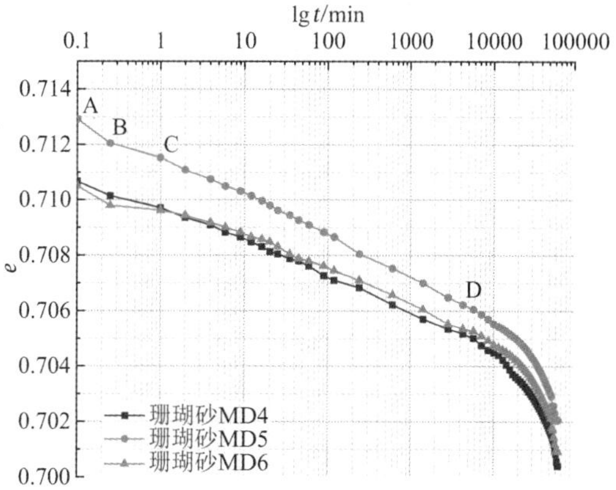

图 3.1-73　马尔代夫珊瑚砂e-lg$t$曲线
（干密度 1.60g/cm³ ）

根据干密度为 1.43g/cm³ 珊瑚砂e-lg$t$曲线（图 3.1-72 中 MD1 试样曲线），在低应力水平下，珊瑚砂固结压缩可分为三个阶段：

A-B 段：为初始压缩阶段，在附加应力作用下，珊瑚砂之间孔隙被压缩所产生的瞬时变形。

B-C 段：为主固结压缩阶段，在附加应力作用下，珊瑚砂颗粒重新排列，孔隙水排出，发生固结压密。

C-D 段：为蠕变阶段，在有效应力不变的情况下，珊瑚砂土骨架仍随时间继续发生变形，在受外力作用、周边环境（人为振动、大地脉动）等的影响下，珊瑚砂颗粒会进一步向更为稳定的状态缓慢移动。

根据干密度为 1.60g/cm³ 珊瑚砂e-lg$t$曲线（图 3.1-73 中 MD5 试样曲线），由于珊瑚砂试样是已击实的试样，其初始压缩和主固结压缩已基本完成，所以初始压缩阶段和主固结压缩阶段已不明显，变形过程几乎都是蠕变阶段。

根据珊瑚砂e-lg$t$曲线，不论珊瑚砂是处于松散状态，还是密实状态，珊瑚砂均具有显著的蠕变特性。珊瑚砂的这一特点，对吹填珊瑚砂场地的长期沉降，以及建设在吹填珊瑚砂场地上的各类工程的工后沉降影响很大。

蠕变系数C_α是指土体主固结压缩完成后，进入蠕变阶段后固结曲线的斜率，反映土体蠕变速率的指标，表达式为：

$$C_\alpha = \frac{e_1 - e_2}{\lg t_2 - \lg t_1}$$ (3.1-21)

式中：e_1、e_2——e-$\lg t$曲线对应时间t_1、t_2的孔隙比；

t_1、t_2——蠕变阶段的某一时间。

根据式(3.1-21)计算，两种干密度试样的蠕变系数C_α计算结果见表3.1-14。

珊瑚砂蠕变系数计算结果表 表 3.1-14

试样编号	初始干密度/（g/cm³）	试验荷载/kPa	蠕变系数C_α	蠕变系数C_α平均值
MD1	1.43	200	0.00269	
MD2	1.43	200	0.00250	0.00258
MD3	1.43	200	0.00254	
MD4	1.60	200	0.00129	
MD5	1.60	200	0.00148	0.00134
MD6	1.60	200	0.00124	

影响珊瑚砂蠕变系数C_α的主要因素有：颗粒组成、密实程度、外力作用和外部振动环境。

为了进一步分析自然环境振动对蠕变系数C_α的影响，分别在北京实验室和马尔代夫实验室进行了大地脉动测试。

测试前将低频三分量传感器安置在两地实验室的试验工作台所在地面。

北京实验室地脉动测试于2017年7月11日17:44开始，7月12日17:44结束，测试时长24h。马尔代夫实验室地脉动测试于2017年7月30日11:00开始，7月31日11:00结束，测试时长24h。现场测试情况见图3.1-74、图3.1-75。

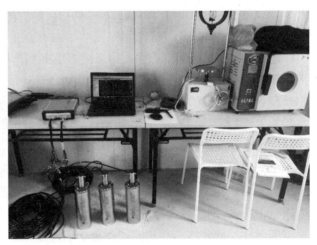

图 3.1-74 北京实验室　　　　　图 3.1-75 马尔代夫实验室

选取当地时间2:00～4:00、9:00～11:00、15:00～17:00和22:00～24:00四个时段（分别代表白天和夜间），进行振动特性分析。

北京实验室地脉动测试结果见表3.1-15，典型时域曲线及频谱图见图3.1-76。

北京实验室地脉动测试成果　　　　　　　　　表 3.1-15

分析时段	测试方向	中心频率/卓越频率/Hz	振幅	
			加速度/（×10⁻⁵m/s²）	位移/（×10⁻¹μm）
2:00～4:00	东西	3.50		
	南北	3.70	9.09	1.71
	垂直	4.05		
9:00～11:00	东西	3.65		
	南北	3.75	18.03	2.87
	垂直	4.55		
15:00～17:00	东西	3.65		
	南北	3.75	13.18	1.98
	垂直	4.85		
22:00～24:00	东西	3.70		
	南北	3.70	10.66	1.84
	垂直	4.30		

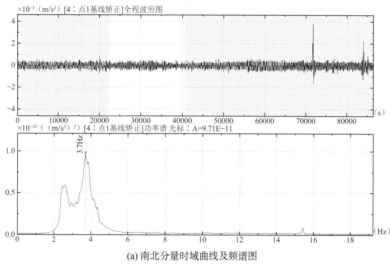

(a) 南北分量时域曲线及频谱图

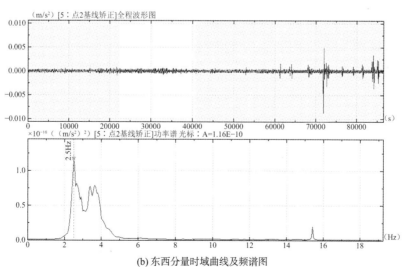

(b) 东西分量时域曲线及频谱图

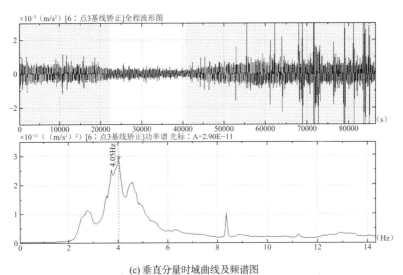

(c) 垂直分量时域曲线及频谱图

图 3.1-76　北京实验室 2:00～4:00 时段三分量时域曲线及频谱图

马尔代夫实验室地脉动测试结果见表 3.1-16，典型时域曲线及频谱图见图 3.1-77。

马尔代夫实验室地脉动测试成果　　　　　　　　表 3.1-16

分析时段	测试方向	中心频率/卓越频率/Hz	振幅	
			加速度/（×10⁻⁵m/s²）	位移/（×10⁻¹μm）
2:00～4:00	东西	6.35	39.15	2.02
	南北	6.35		
	垂直	12.90		
9:00～11:00	东西	6.65	99.37	4.15
	南北	6.75		
	垂直	13.50		
15:00～17:00	东西	6.65	94.89	3.95
	南北	6.65		
	垂直	13.65		
22:00～24:00	东西	7.15	53.56	2.36
	南北	6.50		
	垂直	13.20		

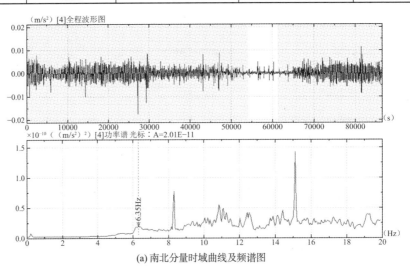

(a) 南北分量时域曲线及频谱图

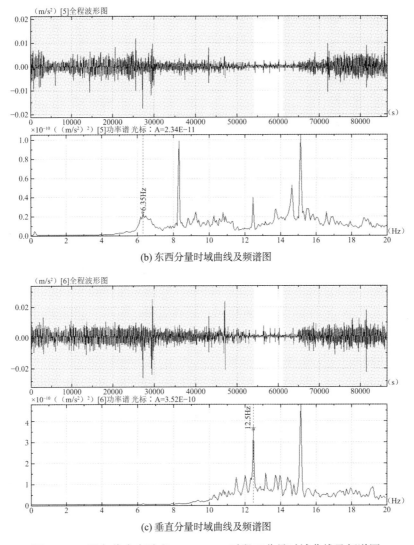

(b) 东西分量时域曲线及频谱图

(c) 垂直分量时域曲线及频谱图

图 3.1-77　马尔代夫实验室 2:00～4:00 时段三分量时域曲线及频谱图

依据两地实验室地脉动测试结果，得到振幅随时间的变化曲线见图 3.1-78、图 3.1-79。

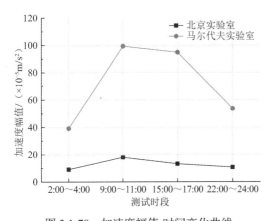

图 3.1-78　加速度幅值-时间变化曲线

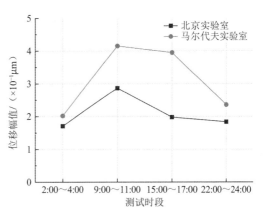

图 3.1-79　位移幅值-时间变化曲线

对比马尔代夫实验室和北京实验室的地脉动振幅变化曲线，得出：

（1）北京实验室白天时段的地脉动幅值约为 $(14.4 \sim 18.0) \times 10^{-5} m/s^2$，夜晚时段的地脉动幅值约为 $(9.1 \sim 10.9) \times 10^{-5} m/s^2$；马尔代夫实验室白天时段的地脉动幅值约为 $(95.3 \sim 99.7) \times 10^{-5} m/s^2$，夜晚时段的地脉动幅值约为 $(40.0 \sim 54.3) \times 10^{-5} m/s^2$。

（2）北京土工实验室地脉动水平方向振动主要频率为 3.50～3.75Hz，垂直方向主要振动频率为 4.05～5.20Hz；马尔代夫实验室地脉动水平方向振动主要频率为 6.35～7.15Hz，垂直方向主要振动频率为 12.90～13.65Hz。

（3）马尔代夫实验室场地的地脉动幅值相对较大，约是北京实验室场地地脉动幅值的 4～5 倍，两个场地白天时段振动幅值大，约是夜间时段振动幅值的 1.5～2.0 倍。

（4）马尔代夫实验室场地的振动卓越频率相对较高，这与该场地的基岩埋深浅（埋深约 12m）是一致的；北京实验室地面以下有 1 层地下室，由于人为活动等原因，振动频率在方向性和时间上均有一定的差异性。

在北京实验室，采用与马尔代夫实验室相同颗粒级配的干密度为 $1.43 g/cm^3$ 的珊瑚砂试样，分别在有无施加自然环境振动条件下进行了标准固结试验，同时采取相同颗粒级配的干密度为 $1.43 g/cm^3$ 的石英砂试样在施加自然环境振动条件下进行了标准固结试验，试验结果见图 3.1-80～图 3.1-82。

根据试验结果，得出如下结论：

（1）在北京实验室无施加自然环境振动条件下的珊瑚砂 e-$\lg t$ 曲线呈现出典型的固结压缩三阶段，与在马尔代夫实验室得到的试验曲线相似。

（2）根据北京实验室无施加自然环境振动条件下的珊瑚砂 e-$\lg t$ 曲线，计算得到珊瑚砂蠕变系数 C_α 为 0.00090，小于在马尔代夫实验室得到的蠕变系数 C_α，不同的试验地点和试验环境会对蠕变系数 C_α 的结果产生一定的影响。

（3）在北京实验室施加自然环境振动条件的珊瑚砂 e-$\lg t$ 曲线与干密度为 $1.60 g/cm^3$ 的珊瑚砂 e-$\lg t$ 曲线相似，分析认为是自然环境振动的施加，加速了珊瑚砂颗粒的重排列，起到了振动密实的作用。

（4）在施加自然环境振动条件下，珊瑚砂和石英砂的 e-$\lg t$ 曲线形态相似，珊瑚砂与石英砂表现出的长期变形特征是相似的。

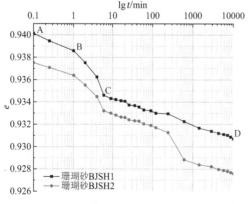

图 3.1-80 北京实验室无施加自然环境振动条件下珊瑚砂 e-$\lg t$ 曲线（干密度 $1.43 g/cm^3$）

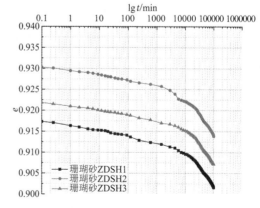

图 3.1-81 北京实验室施加自然环境振动条件下珊瑚砂 e-$\lg t$ 曲线（干密度 $1.43 g/cm^3$）

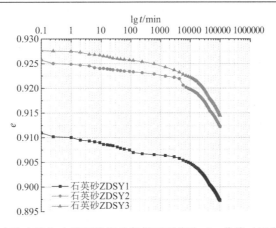

图 3.1-82　北京实验室施加自然环境振动条件下石英砂 e-$\lg t$ 曲线（干密度 1.43g/cm³）

3.1.8　珊瑚砂的剪切特性

本工程采用全自动三轴仪对初始相对密度 D_r 分别为 0.50、0.63 和 0.98 的珊瑚砂试样进行三轴固结排水剪切试验（CD）[4]。初始相对密实度 $D_r = 0.98$ 的珊瑚砂试样在 4 种不同围压下的三轴固结排水剪切试验结果见图 3.1-83、图 3.1-84。

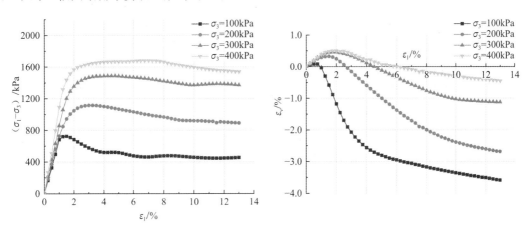

图 3.1-83　偏应力与轴向应变关系曲线　　　图 3.1-84　体积应变与轴向应变关系曲线

由试验曲线可知，随着围压增大，试样的剪应力峰值不断增加；随着轴向应变增加，剪应力先不断增加，达到峰值后开始逐渐减小并稳定，应力应变关系表现为应变软化。当试样密度一定时，随着围压的增大其软化现象越不显著，剪应力峰值越大，且达到剪应力峰值时所产生的轴向应变越大。相应的试样体积先不断减小，至某一值后发生剪胀。

根据试验结果整理得到珊瑚砂的"南水双屈服面模型"[5]计算参数见表 3.1-17。

珊瑚砂南水双屈服面模型参数　　　　　　　　　表 3.1-17

初始相对密度	试样干密度/（g/cm³）	φ/°	R_f	K	K_{ur}	n	c_d	n_d	R_d
0.98	1.56	41.5	0.61	485	970	0.41	0.0022	1.08	0.48
0.63	1.41	38.3	0.55	457	914	0.43	0.0012	1.22	0.46
0.50	1.36	36.7	0.53	423	846	0.42	0.0038	1.69	0.44

本工程采取 6 种 P_5 含量（P_5 指试样中粒径 > 5mm 土样所占质量的百分比）的吹填珊瑚砂进行了原位大型直剪试验，试验结果见表 3.1-18，珊瑚砂黏聚力达 10～100kPa，内摩擦角为 39°～59°，表明珊瑚砂颗粒间具有强咬合。

珊瑚砂大型直剪强度参数　　　　　　　　　　　　　　　表 3.1-18

P_5 含量/%	剪切速率/（mm/min）	含水率/%	试样干密度/（g/cm³）	黏聚力c/kPa	内摩擦角φ/°
66.80	4	1.05	1.37	71.261	49.52
66.80	10	1.05	1.37	9.913	57.82
66.80	20	1.05	1.37	60.261	39.32
66.80	40	1.05	1.37	37.000	48.77
54.86	4	1.05	1.37	59.826	46.75
76.96	4	1.05	1.37	103.300	38.85

3.2　原位试验研究

3.2.1　珊瑚砂的密度

珊瑚砂无法取得不扰动试样，不能在实验室内进行密度试验。为了获得吹填珊瑚砂的密度，本工程采用现场灌水法密度试验进行测定，试验部位位于吹填完成未经地基处理的珊瑚砂场地。

现场灌水法密度试验方法：

（1）设定试坑尺寸为 50cm × 50cm × 50cm。

（2）将选定的试验区的地面整平，除去表面松散的土层和杂质。

（3）按确定的试坑尺寸画出坑口轮廓线，在轮廓线内下挖至要求深度，将试坑内挖出的珊瑚砂装入盛土容器内，待试坑挖好后称量盛土容器内珊瑚砂的质量，精确至 10g，并测定珊瑚砂的含水率。

（4）试坑开挖完成后，放置相应尺寸的套环，用水准尺找平，将大于试坑容积的塑料薄膜袋平铺于试坑内，翻过套环压住薄膜四周；

（5）记录储水桶内初始水位高度 h_1，打开储水桶出水管开关，将水缓慢注入塑料薄膜袋中。当袋内水面接近套环边缘时，将水流调小，直至袋内水面与套环边缘齐平时关闭出水管，记录储水桶内水位高度 h_2。静置 3～5min，并观察袋内水面是否下降，当袋内水面下降时，应另取塑料薄膜袋重做试验。

（6）试坑的体积：

$$V_p = (h_1 - h_2) \times A_w - V_0 \tag{3.2-1}$$

式中：h_1——储水桶内初始水位高度；

$\quad\quad h_2$——储水桶终止水位高度；

$\quad\quad A_w$——储水桶断面面积；

$\quad\quad V_0$——套环体积。

（7）珊瑚砂天然密度和干密度：

$$\rho_0 = \frac{m_p}{V_p} \tag{3.2-2}$$

$$\rho_{\mathrm{d}} = \frac{\rho_0}{1 + w} \qquad\qquad (3.2\text{-}3)$$

式中：w——珊瑚砂含水率。

通过现场灌水法密度试验，测得珊瑚砂密度见表 3.2-1。

珊瑚砂密度指标统计　　　　　　　　　　　　　　表 3.2-1

统计指标	含水率w/%	天然密度ρ_0/（g/cm³）	干密度ρ_{d}/（g/cm³）
平均值	14.4	1.65	1.47
最大值	17.2	1.82	1.59
最小值	12.2	1.43	1.22
样本数	20	20	20

根据试验结果，珊瑚砂密度差异较大，体现出吹填完成未经地基处理的珊瑚砂场地的不均匀特性，在这种地层上进行工程建设时，因地层自身的不均匀性，很可能会导致地基的不均匀沉降。

3.2.2　珊瑚砂的渗透特性

本工程分别在新吹填珊瑚砂地层和生长有植被的早期吹填珊瑚砂地层，采用现场试坑法渗水试验，对吹填珊瑚砂的渗透系数进行测定。

1. 新吹填珊瑚砂地层的试验方法

（1）将选定的试验区的地面整平，除去表面松散的土层和杂质。

（2）开挖一个 30cm×30cm 的方形试坑，试坑底面积$F = 900\mathrm{cm}^2$，深度 30～50cm。

（3）试坑侧壁设置隔水材料密封，防止水沿试坑侧壁进行侧向渗透。

（4）采用供水装置向试坑内注水，并始终保持试坑内水层厚度 10cm，稳定持续 2～4h。

（5）计算单位时间内从试坑底部入渗的水量Q。

新吹填珊瑚砂地层渗水试验示意图见图 3.2-1。

图 3.2-1　新吹填珊瑚砂地层渗水试验示意图

2. 生长有植被的早期吹填珊瑚砂地层的试验方法

（1）在试验区内地面相对较平整的位置划定一个 30cm×30cm 的方形区域作为试验区。

（2）沿试验区边缘开挖深度为 30～50cm 的沟槽，将隔水材料嵌入沟槽内，防止水沿试验地层进行侧向渗透。

（3）采用供水装置向试坑内注水，并始终保持试验区内水层厚度10cm，稳定持续2～4h。

（4）计算单位时间内从试验区底部入渗的水量Q。

生长有植被的早期吹填珊瑚砂地层渗水试验示意图见图3.2-2。

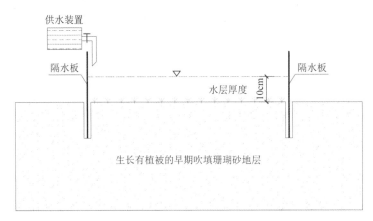

图3.2-2　生长有植被的早期吹填珊瑚砂地层渗水试验示意图

3.渗透系数计算公式

试验区（试坑）底面平均渗透速度：

$$v = \frac{Q}{F} \qquad (3.2\text{-}4)$$

根据达西定律，$v = ki$，当试验区（试坑）内水层厚度较小（等于10cm）时，可以认为水力梯度$i \approx 1$，从而得出：

$$v = \frac{Q}{F} = ki = k \qquad (3.2\text{-}5)$$

式中：Q——单位时间渗水量；

$\quad\quad F$——试验区（试坑）底面积；

$\quad\quad v$——试验区（试坑）底面平均渗透速度；

$\quad\quad k$——渗透系数；

$\quad\quad i$——水力梯度，$i \approx 1$。

现场试验过程见图3.2-3、图3.2-4。

图3.2-3　试坑及隔水装置　　　　　图3.2-4　供水装置向试坑内注水

4. 试验结果

根据两种试验方法,得出的珊瑚砂渗透系数见表 3.2-2、表 3.2-3。

珊瑚砂渗透系数试验结果　　　　　　　　　　　表 3.2-2

试验区	试验编号	试验区描述	试验底面积F/cm²	渗水量Q/（cm³/s）	渗透系数k/（m/d）
新吹填珊瑚砂场地	S5-1	含大颗粒珊瑚枝的珊瑚砂,试验区经过施工车辆碾压	900	43.65	41.90
	S5-2		900	40.28	38.67
	S5-3	含大颗粒珊瑚枝的珊瑚砂	900	60.17	57.76
生长有植被的早期吹填珊瑚砂场地	A1-2	小颗粒珊瑚砂,地表植物保留	900	49.50	47.52
	A2-2		900	64.10	61.54
	A3-2		900	55.56	53.33
	A6-2		900	48.08	46.15
	S1-1	小颗粒珊瑚砂,地表植物清除	900	97.40	93.50
	S1-2		900	96.15	92.30
	S1-3		900	58.82	56.47
	A1-1		900	60.24	57.83
	A2-1		900	73.53	70.59
	A3-1		900	66.67	64.00
	A4-1		900	56.82	54.55
	A5-1		900	45.46	43.64
	A6-1		900	65.79	63.16

珊瑚砂渗透系数统计表　　　　　　　　　　　表 3.2-3

统计指标	新吹填珊瑚砂场地的渗透系数k/（m/d）	生长有植被的早期吹填珊瑚砂场地的渗透系数k/（m/d）	
		地表植物保留	地表植物清除
平均值	46.11	52.14	66.23
最大值	57.76	46.15	43.64
最小值	38.67	61.54	93.50
样本数	3	4	9

分析珊瑚砂渗水试验结果,可以得出如下结论:

（1）吹填珊瑚砂地层渗透系数较大,新吹填珊瑚砂场地和生长有植被的早期吹填珊瑚砂场地的渗透系数接近。

（2）地表植物生长对吹填珊瑚砂渗透系数的影响较小。

（3）吹填珊瑚砂地层渗透系数离散性较大,反映出吹填珊瑚砂地层的不均性较大。

（4）试验结果中吹填珊瑚砂渗透系数最小值为 38.67m/d,位于施工车辆碾压的试验区,反映出压实后的吹填珊瑚砂渗透系数有一定程度的下降。

3.2.3　珊瑚砂的密实程度

本工程岩土工程勘察期间,为了获得吹填珊瑚砂地层和自然沉积珊瑚砂地层的密实程度和力学性质，在勘探孔中进行了标准贯入试验（N）、重型圆锥动力触探试验（$N_{63.5}$）和轻型圆锥动力触探试验（N_{10}）。

根据岩土工程勘察，吹填珊瑚砂地层主要包括珊瑚砂素填土①$_1$层、含珊瑚枝珊瑚砂素填土①$_2$层、含珊瑚碎石珊瑚砂素填土①$_3$层；自然沉积珊瑚砂地层主要包括珊瑚细砂②$_1$层、珊瑚中砂②$_2$层、珊瑚砾砂②$_3$层、含珊瑚碎石珊瑚粗砂③层。

1. 标准贯入试验结果

标准贯入试验实测击数（N）的统计结果见表 3.2-4，各地层标准贯入试验的试验位置标高与试验击数的关系见图 3.2-5～图 3.2-9。

标准贯入试验实测击数 N 统计表（单位：击）　　　　表 3.2-4

统计指标	含珊瑚枝珊瑚砂素填土①$_2$层		含珊瑚碎石珊瑚砂素填土①$_3$层		珊瑚细砂②$_1$层	珊瑚中砂②$_2$层	珊瑚砾砂②$_3$层	含珊瑚碎石珊瑚粗砂③层
	地下水位以上	地下水位以下	地下水位以上	地下水位以下				
平均值	10	9	11	8	9	14	20	31
最大值	13	11	12	10	14	20	20	35
最小值	7	6	11	6	6	6	20	28
变异系数	0.182	0.195	0.046	0.185	0.219	0.271	—	1
样本数	9	8	6	8	45	62	1	9

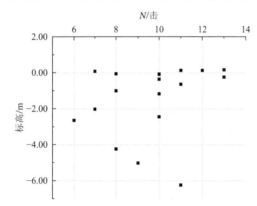

图 3.2-5　含珊瑚枝珊瑚砂素填土①$_2$层的试验
位置标高与试验击数N的散点图

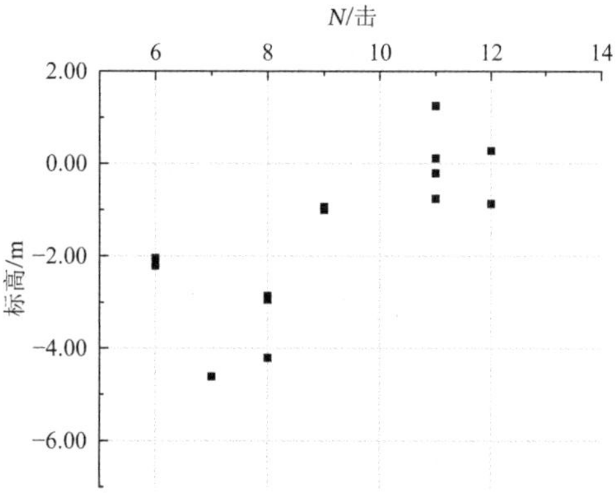

图 3.2-6　含珊瑚碎石珊瑚砂素填土①$_3$层的试验
位置标高与试验击数N的散点图

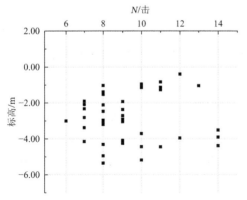

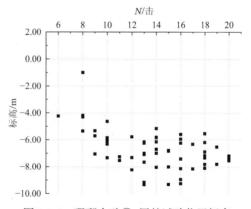

图 3.2-7　珊瑚细砂②$_1$层的试验位置标高
与试验击数N的散点图

图 3.2-8　珊瑚中砂②$_2$层的试验位置标高
与试验击数N的散点图

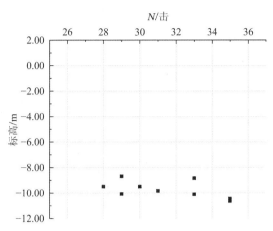

图 3.2-9　含珊瑚碎石珊瑚粗砂③层的试验位置标高与试验击数N的散点图

2. 重型圆锥动力触探试验结果

重型圆锥动力触探试验实测击数（$N_{63.5}$）的统计结果见表 3.2-5，各地层重型圆锥动力触探试验的试验位置标高与试验击数的关系见图 3.2-10～图 3.2-14。

重型圆锥动力触探试验实测击数 $N_{63.5}$ 统计表（单位：击）　　　　表 3.2-5

统计指标	珊瑚砂素填土①₁层	含珊瑚枝珊瑚砂素填土①₂层		含珊瑚碎石珊瑚砂素填土①₃层		珊瑚细砂②₁层	珊瑚中砂②₂层
	珊瑚砂素填土①₁层	地下水位以上	地下水位以下	地下水位以上	地下水位以下	珊瑚细砂②₁层	珊瑚中砂②₂层
平均值	8	12	8	17	8	9	10
最大值	19	18	15	26	21	19	21
最小值	3	5	2	4	2	2	3
变异系数	0.342	0.259	0.389	0.415	0.488	0.401	0.513
样本数	148	68	144	71	114	278	80

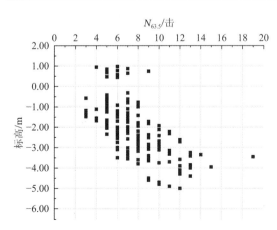

图 3.2-10　珊瑚砂素填土①₁层的试验位置标高与试验击数$N_{63.5}$的散点图

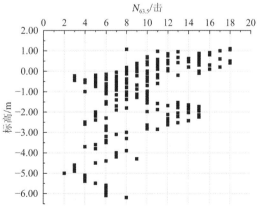

图 3.2-11　含珊瑚枝珊瑚砂素填土①₂层的试验位置标高与试验击数$N_{63.5}$的散点图

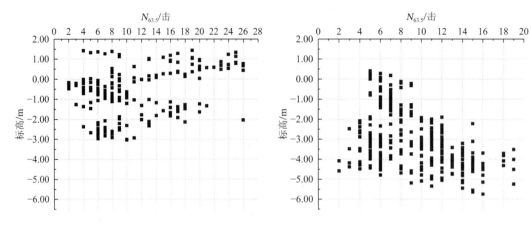

图 3.2-12 含珊瑚碎石珊瑚砂素填土①₃层的试验
位置标高与试验击数$N_{63.5}$的散点图

图 3.2-13 珊瑚细砂②₁层的试验位置标高与试验
击数$N_{63.5}$的散点图

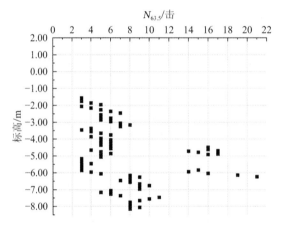

图 3.2-14 珊瑚中砂②₂层的试验位置标高与试验击数$N_{63.5}$的散点图

3. 轻型圆锥动力触探试验结果

轻型圆锥动力触探试验实测击数（N_{10}）的统计结果见表 3.2-6，各地层轻型圆锥动力触探试验的试验位置标高与试验击数的关系见图 3.2-15～图 3.2-17。

轻型圆锥动力触探试验实测击数 N_{10} 统计表（单位：击/10cm）　　　表 3.2-6

统计指标	珊瑚砂素填土①₁层	含珊瑚枝珊瑚砂素填土①₂层		珊瑚细砂②₁层
		地下水位以上	地下水位以下	
平均值	26	23	16	13
最大值	31	33	23	19
最小值	20	16	4	6
变异系数	0.146	0.274	0.310	0.225
样本数	6	6	24	82

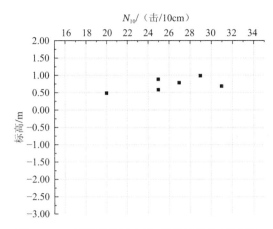

图 3.2-15　珊瑚砂素填土①$_1$层的试验位置标高与
试验击数N_{10}的散点图

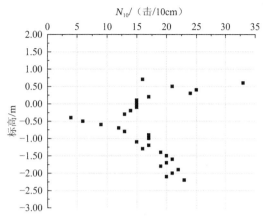

图 3.2-16　含珊瑚枝珊瑚砂素填土①$_2$层的试验位
置标高与试验击数N_{10}的散点图

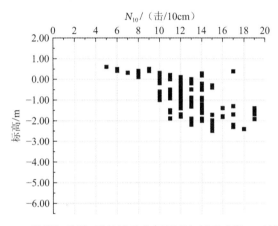

图 3.2-17　珊瑚细砂②$_1$层的试验位置标高与试验击数N_{10}的散点图

分析珊瑚砂的标准贯入试验（N）、重型圆锥动力触探试验（$N_{63.5}$）和轻型圆锥动力触探试验（N_{10}）结果，可以得出：

（1）根据现行国家标准《岩土工程勘察规范》GB 50021—2001（2009 年版），吹填珊瑚砂地层主要呈松散状态，局部呈稍密状态，自然沉积珊瑚砂地层主要呈松散—稍密状态，局部呈中密状态。

（2）根据岩土工程勘察期间的地下水位观测资料，地下水位标高在 0.30～0.50m 范围内变化，地下水位以上珊瑚砂的 3 种原位试验结果均大于地下水位以下珊瑚砂，水上与水下的标准贯入试验击数比值为 1.1～1.6，水上与水下的动力触探试验击数比值为 1.4～2.0，表明地下水对珊瑚砂的力学性质存在削弱作用，尤以在地下水位波动范围内最为显著。

3.2.4　珊瑚砂的承载能力

为了测定吹填珊瑚砂地层的承载能力，在新吹填珊瑚砂场地和早期吹填珊瑚砂场地分别进行了平板载荷试验和螺旋板载荷试验。

1. 平板载荷试验

1）在试验点整平场地，开挖试坑，试坑宽度不应小于承压板直径或宽度的3倍。压板面积$S = 0.25m^2$，直径$d = 0.50m$。

2）试验前应保持试坑底的土层避免扰动，在开挖试坑及安装设备中，应将坑内地下水位降至坑底以下，并防止因降低地下水位而可能产生破坏土体的现象。

3）安装承压板前应整平试坑底面，均匀地平铺少许细砂并找平，细砂厚度不超过5mm，使承压板与试验面平整接触，并尽快安装设备。

4）采用挖掘机、装载机等机械设备作为加载反力，使用千斤顶配合高压油泵施加反力，载荷试验仪通过安装在千斤顶上的压力传感器和安装在压板上的位移传感器控制加载量，记录沉降位移，加载、补载均自动完成。安装千斤顶时，其中心应与承压板中心保持一致。

5）试验加载分级不少于8级，每加一级荷载前后均应各读记承压板沉降量1次，每级加载后，每第10min、10min、10min、15min、15min时各测读一次，以后每30min测读1次。在每级加荷作用下，当在连续2h的沉降量小于0.1mm/h时，认为已趋稳定，可加下一级荷载。

6）试验荷载，根据相关文献和已有研究，预估吹填珊瑚砂地层地基承载力为200kPa，最大加载量取预估地基承载的3倍，即最大加载量为600kPa。

7）终止加载条件，当出现下列情况之一时，即可终止加载：

（1）承压板周围的土明显地侧向挤出。

（2）沉降s急剧增大，荷载-沉降（P-s）曲线出现陡降段。

（3）在某一级荷载下，24h内沉降速率不能达到稳定。

（4）沉降量与承压板宽度或直径之比大于或等于0.06。

当满足前3种情况之一时，其对应的前一级荷载定为极限荷载。

8）地基承载力特征值的确定：

（1）当P-s曲线上有比例界限时，取该比例界限所对应的荷载值。

（2）当极限荷载小于对应比例界限的荷载值的3倍时，取极限荷载值的1/3。

（3）当不能按（1）、（2）要求确定时，取$s/b = 0.01$所对应的荷载，且其值不大于最大加载量的1/3。

9）变形模量计算：

$$E_0 = 0.785(1 - \mu^2)D_c \frac{P}{s} \tag{3.2-6}$$

式中：E_0——吹填珊瑚砂地层的变形模量；

μ——吹填珊瑚砂地层的泊松比；

D_c——承压板的直径；

P——单位压力；

s——对应于施加压力的沉降量。

试验过程见图3.2-18～图3.2-25。

图 3.2-18　加载反力（装载机）

图 3.2-19　加载反力（挖掘机）

图 3.2-20　试坑人工开挖

图 3.2-21　试坑机械开挖

图 3.2-22　地下水位以上载荷试验

图 3.2-23　试验装置（地下水位以上）

图 3.2-24　地下水位以下载荷试验

图 3.2-25　试验装置（地下水位以下）

平板载荷试验结果表 3.2-7，各试验点的P-s曲线见图 3.2-26～图 3.2-33。

平板载荷试验结果表 表 3.2-7

试验区	试验编号	地层	试验位置	最大加载压力/kPa	$s/b = 0.01$ 对应的荷载/kPa	地基承载力特征值f_{ak}/kPa	变形模量E_0/MPa
早期吹填珊瑚砂场地	S1-ZH1	小颗粒珊瑚砂	地下水位以上 50cm	600	374	200	28.7
	S1-ZH2		地下水位以上 5cm	528	190	167	13.8
	S4-ZH1	大颗粒珊瑚枝的珊瑚砂	地下水位以上 40cm	600	580	200	48.1
	S4-ZH2		地下水位以下 5cm	600	271	200	19.3
	S5-ZH2		地下水位以上 15cm	600	—	200	56.0
新吹填珊瑚砂场地	S2-ZH1	大颗粒珊瑚枝的珊瑚砂	地下水位以下 10cm	600	237	200	17.2
	S3-ZH1	含大颗粒珊瑚碎石珊瑚砂	地下水位以上 160cm	600	301	200	21.5
	S3-ZH2		地下水位以下 5cm	600	241	200	17.2

注：试验编号为 S1-ZH2 的浅层平板载荷试验，加载至 528kPa 时，沉降持续增大，位移达到传感器最大量程后终止试验。

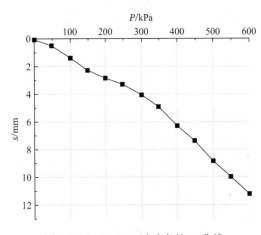

图 3.2-26　S1-ZH1 试验点的P-s曲线

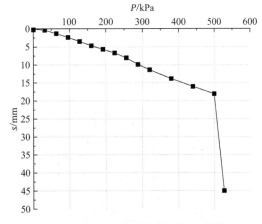

图 3.2-27　S1-ZH2 试验点的P-s曲线

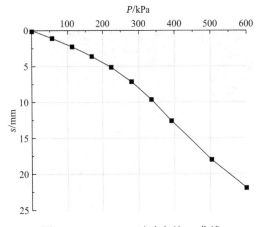

图 3.2-28　S2-ZH2 试验点的P-s曲线

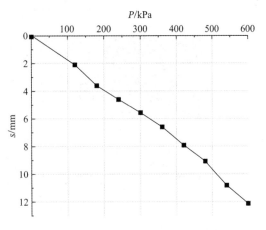

图 3.2-29　S3-ZH1 试验点的P-s曲线

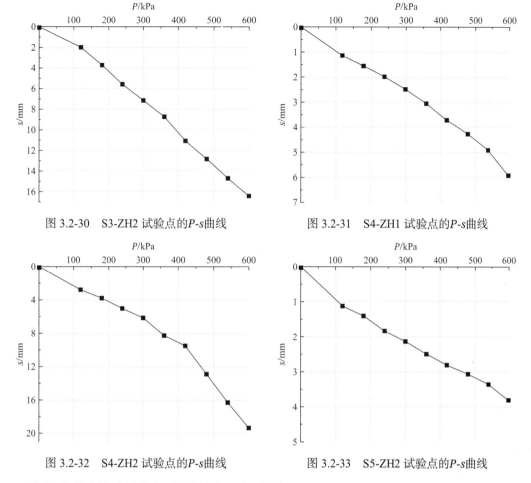

图 3.2-30　S3-ZH2 试验点的 *P-s* 曲线　　　　　图 3.2-31　S4-ZH1 试验点的 *P-s* 曲线

图 3.2-32　S4-ZH2 试验点的 *P-s* 曲线　　　　　图 3.2-33　S5-ZH2 试验点的 *P-s* 曲线

分析珊瑚砂的平板载荷试验结果，可以得出：

（1）当安全系数 $K = 3$ 时，吹填珊瑚砂地基承载力均大于 160kPa。

（2）地下水位以下的吹填珊瑚砂地基承载力小于地下水位以上的吹填珊瑚砂地基承载力，地下水对吹填珊瑚砂的力学性质存在影响。

（3）珊瑚砂变形模量离散性较大。

2. 螺旋板载荷试验

1）螺旋板载荷试验装置见图 3.2-34，压板面积 $S = 0.01\text{m}^2$。

2）将试验场地平整，设置反力装置及位移计的固定地锚。

3）将螺旋承压板旋钻至预定深度，旋钻时应控制每旋转一周钻进一螺距，尽可能减小对土体的扰动程度。

4）安装加荷千斤顶，其中心应与螺旋承压板中心一致；安装位移计，并调整零点。

5）现场采用压路机重量作为加载反力，使用手动油压千斤顶施加反力，载荷试验仪通过安装在传力杆上的压力传感器和安装在承压板上的数显百分表控制加荷量，记录沉降位移，加载、补载均人工完成。

6）试验加载分级为 10 级，每加一级荷载前后均应各读记承压板沉降量一次，每级加载后，第 10min、20min、30min、45min、60min 时各测读一次，以后每 30min 测读一次。在每级加荷作用下，沉降量小于 0.1mm/h 时，则认为已趋稳定，可加下一级荷载。

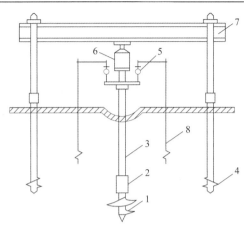

1—螺旋承载板；2—测力传感器；3—传力杆；4—反力地锚；5—位移计；6—油压千斤顶；7—反力钢梁；8—位移固定锚

图 3.2-34　螺旋板载荷试验装置示意图

7）终止加载条件，当出现下列情况之一时，即可终止加载：

（1）沉降s急剧增大，荷载-沉降（P-s）曲线出现陡降段。

（2）在某一级荷载下，24h 内沉降速率不能达到稳定。

8）地基承载力特征值的确定：

（1）当P-s曲线上有比例界限时，取该比例界限所对应的荷载值。

（2）当极限荷载小于对应比例界限的荷载值的 3 倍时，取极限荷载值的 1/3。

（3）当不能按（1）、（2）要求确定时，取$s/b = 0.013$所对应的荷载，且其值不大于最大加载量的 1/3。

螺旋板载荷试验见图 3.2-35。

图 3.2-35　螺旋板载荷试验

螺旋板载荷试验结果见表 3.2-8，各试验点的P-s曲线见图 3.2-36～图 3.2-41。

螺旋板载荷试验结果表　　　　　　　　　　　　　　　　　　表 3.2-8

试验区	试验编号	试验深度/m	最大加载压力/kPa	$s/d = 0.013$ 对应的压力/kPa	承载力特征值/kPa
早期吹填珊瑚砂场地	L1	5.0	>1000	153	153
	L2	3.5	>1000	132	132
	L3	7.2	>1000	244	244

试验区	试验编号	试验深度/m	最大加载压力/kPa	$s/d = 0.013$ 对应的压力/kPa	承载力特征值/kPa
早期吹填珊瑚砂场地	L4	3.2	> 1000	143	143
	L5	5.1	> 1000	209	209
	L6	7.1	> 1000	302	302

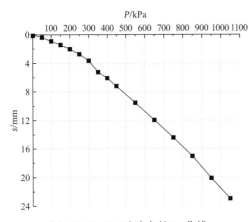

图 3.2-36　L1 试验点的 P-s 曲线

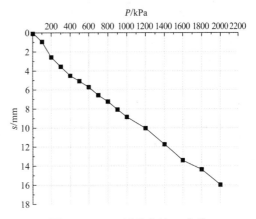

图 3.2-37　L2 试验点的 P-s 曲线

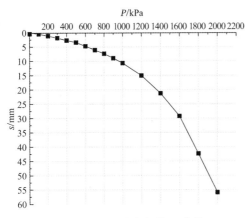

图 3.2-38　L3 试验点的 P-s 曲线

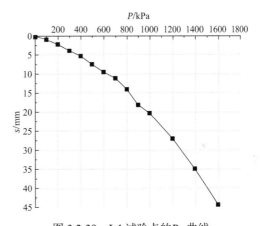

图 3.2-39　L4 试验点的 P-s 曲线

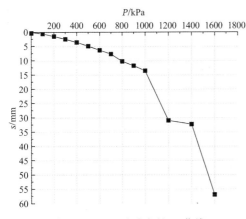

图 3.2-40　L5 试验点的 P-s 曲线

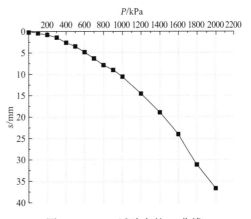

图 3.2-41　L6 试验点的 P-s 曲线

分析珊瑚砂的螺旋板载荷试验结果，可以得出：

（1）地下水位以下吹填珊瑚砂地基承载力均大于 130kPa，小于地下水位以上的吹填珊瑚砂地基承载力。

（2）地下水位以下的吹填珊瑚砂地基承载力随着试验深度的增加而增大，呈正相关关系。

3.2.5　珊瑚砂的道基反应模量

道基反应模量是机场跑道混凝土道面设计的重要参数之一，为了获得吹填珊瑚砂的道基反应模量，本工程开展了道基反应模量试验。

1. 道基反应模量试验方法

（1）在试验点开挖试坑至试验土层以下 15～20cm，将试验点吹填珊瑚砂表面铲平，均匀地平铺少许细砂并找平，细砂厚度不超过 5mm。

（2）在试验坑中部依次安置 3 层承载板（最下层承载板直径 750mm），并将最下层承载板安放平稳后轻轻旋转半周，用水平尺校正，3 层承载板中心上下对准，堆叠在一起，见图 3.2-42。

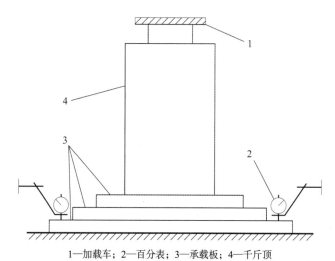

1—加载车；2—百分表；3—承载板；4—千斤顶

图 3.2-42　道基反应模量试验装置示意图

（3）安装千斤顶，与最上层承载板中心对齐，设置基准桩和基准梁，然后将 3 只百分表成120°交角放置于最下层承载板边缘一定位置上，并调整百分表的行程以满足测量要求。

（4）将装载机行驶至试验点，受力横梁与千斤顶中心对准后停稳。

（5）确认试验装置安装牢固后，用 0.034MPa 荷载预压 1～2 次，消除间隙，减少试验误差。

（6）卸除预压荷载，记下百分表读数，然后分级连续加载，荷载分级为 0.000MPa、0.034MPa、0.069MPa、0.103MPa、0.137MPa、0.172MPa、0.206MPa；为保证数据准确，前两级之间分级加密，各级荷载应稳定 1～3min，当沉降量小于 0.25mm/min 时读取百分表读数，然后进行下一级加载，加载速度应均匀。

试验过程见图 3.2-43～图 3.2-46。

图 3.2-43　道基反应模量试验装置

图 3.2-44　道基反应模量试验装置

图 3.2-45　千斤顶加载

图 3.2-46　数据记录

2. 道基反应模量计算公式

（1）道基反应模量 k_u

$$k_u = \frac{P_B}{0.00127} \tag{3.2-7}$$

式中：k_u——道基反应模量；

P_B——承载板下沉量为 0.127cm 时所对应的单位面积压力。

（2）不利季节修正

$$k_0 = \frac{d}{d_u} k_u \tag{3.2-8}$$

式中：d——现场珊瑚砂试样在 0.07MPa 压力下的下沉值，在实验室用固结仪测得；

d_u——现场珊瑚砂试样浸水饱和后在 0.07MPa 压力下的下沉值，在实验室用固结仪测得。

3. 试验结果

道基反应模量试验结果见表 3.2-9，P-s 曲线见图 3.2-47。

道基反应模量试验结果表　　　　　　　　　　　　表 3.2-9

试验区	试验编号	试验高度	k_u/（MN/m³）	d/mm	d_u/mm	k_0/（MN/m³）
早期吹填珊瑚砂场地	S1-DF1	地下水位以上 50cm	58.3	0.535	0.565	55.2
	S4-DF1	地下水位以上 40cm	113.0	0.53	0.66	90.0
	S5-DF1	地下水位以上 15cm	34.6	—	—	
新吹填珊瑚砂场地	S2-DF1	地下水位以上 30cm	26.8	—	—	
	S3-DF1	地下水位以上 160cm	26.0	—	—	

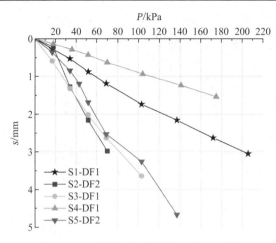

图 3.2-47　道基反应模量试验的 P-s 曲线

分析珊瑚砂的道基反应模量试验结果，可以得出：

（1）地下水位以上吹填珊瑚砂地层的道基反应模量 k_u 分布范围为 26.0～113.0MN/m³，离散性较大，反映出了吹填珊瑚砂场地的不均匀性。

（2）地下水位以下吹填珊瑚砂地层，由于其自身性质较差，现场道基反应模量试验方法无法获得道基反应模量指标。分析认为，一般情况下跑道道基均位于地下水位以上，地下水位以下道基反应模量没有实质意义。

3.2.6　珊瑚砂的加州承载比

加州承载比（CBR）是机场跑道沥青道面设计的重要参数之一，为了获得吹填珊瑚砂的 CBR，本工程开展了现场 CBR 试验。

1. 现场 CBR 试验方法

（1）将试验点直径 30cm 范围的地面找平。

（2）按照图 3.2-48 安装测试设备，在贯入杆位置放置 4 块 1.25kg 的可分开的半圆形承载板，共 5kg；千斤顶顶在横梁上且调节至合适的高度，贯入杆与吹填珊瑚砂地基表面紧密接触；将支架平台、百分表安装好。

（3）试验贯入前，先在贯入杆上施加 45N 荷载，将测力计及贯入量百分表调零，记录初始读数。

（4）启动千斤顶，使贯入杆以 1mm/min 的速度压入吹填珊瑚砂地基，分别在贯入量为 0.5mm、1.0mm、1.5mm、2.0mm、2.5mm、3.0mm、4.0mm、5.0mm、6.5mm 时，读取测力计读数。

（5）卸除荷载、移去测定装置，在试验点下取吹填珊瑚砂试样，测定其含水率和干密度。

现场试验过程见图 3.2-49、图 3.2-50。

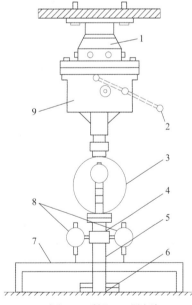

1—球座；2—手柄；3—测力计；
4—百分表夹具；5—贯入杆；6—承载板；
7—平台；8—百分表；9—千斤顶

图 3.2-48　CBR 试验装置示意图

图 3.2-49　CBR 试验现场　　　　图 3.2-50　CBR 试验现场

2. CBR 计算公式

（1）绘制 P-s 曲线。

（2）CBR 指标：

$$\mathrm{CBR} = \frac{P_1}{P_0} \times 100\% \qquad (3.2\text{-}9)$$

式中：P_1——从 P-s 曲线上读取贯入量为 2.5mm 及 5.0mm 时的荷载；

　　　P_0——标准荷载，当 $P_1 = 2.5$mm 时，为 7MPa；当 $P_1 = 5$mm 时，为 10.5MPa。

（3）CBR 指标一般以贯入量 2.5mm 时的测定值为准，当贯入量 5.0mm 时的 $\mathrm{CBR}_{5.0}$ 指标大于贯入量 2.5mm 时的 $\mathrm{CBR}_{2.5}$ 指标时，应重新试验，如重新试验仍然如此，则以贯入量 5.0mm 时的 $\mathrm{CBR}_{5.0}$ 为准。

3. 试验结果

现场 CBR 试验结果见表 3.2-10，P-s 曲线见图 3.2-51。

现场 CBR 试验成果表　　　　　　　　　　　　　　　　表 3.2-10

试验区	试验编号	试验高度	CBR/%	贯入量/mm	含水率 w/%	干密度 ρ_{d}/（g/cm³）
早期吹填珊瑚砂场地	S1-CB1	地下水位以上 50cm	14.4	2.5	12.0	1.34
	S4-CB1	地下水位以上 40cm	27.0	2.5	23.5	1.62
	S5-CB2	地下水位以上 15cm	12.3	2.5	24.3	1.72
新吹填珊瑚砂场地	S2-CB1	地下水位以上 30cm	12.3	5.0	——	——
	S3-CB2	地下水位以上 160cm	20.6	5.0	12.7	1.52

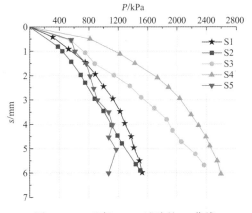

图 3.2-51　现场 CBR 试验的 P-s 曲线

分析珊瑚砂的现场 CBR 试验结果，可以得出如下结论：

（1）地下水位以上吹填珊瑚砂地层的 CBR 指标均大于 12.0%，最大值为 27.0%，离散性较大，反映出了吹填珊瑚砂场地的不均匀性。

（2）地下水位以下吹填珊瑚砂地层，由于其自身性质较差，现场 CBR 试验方法无法获得 CBR 指标。

3.3　珊瑚砂的不利工程特性

吹填珊瑚砂地层显然不能直接作为本工程新建跑道道基，需要对其进行地基处理。根据以上室内试验和原位试验研究，归纳总结出吹填珊瑚砂作为新建跑道道基的不利特性：

（1）珊瑚砂是一种非均匀材料，物理力学性质差异显著，可能产生较大的不均匀沉降。

（2）珊瑚砂具有特殊的单粒支撑结构，在较小的附加荷载下，其主固结压缩阶段快速完成，但其工后蠕变变形阶段持续时间长，且蠕变变形显著。

（3）珊瑚砂无最大干密度，无法确定其压实度，无法采用常用的压实度指标来进行道基检测。

（4）珊瑚砂渗透系数较大，地下水对珊瑚砂的力学性质存在削弱作用，尤以在地下水位波动范围内最为显著，原位试验研究过程中也未测得地下水位以下珊瑚砂的道基反应模量和 CBR 指标。

参 考 文 献

[1] 刘建坤, 汪稔. 岛礁岩土工程[M]. 北京: 中国建筑工业出版社, 2023.

[2] 住房和城乡建设部. 土工试验方法标准: GB/T 50123—2019[S]. 北京: 中国计划出版社, 2019.

[3] 孙宗勋. 南沙群岛珊瑚砂工程性质研究[J]. 热带海洋, 2000(2): 1-8.

[4] 张晋勋, 李道松, 张雷, 等. 印度洋吹填珊瑚砂岩土工程特性试验研究[J]. 施工技术, 2019, 48(4): 23-27.

[5] 沈珠江. 理论土力学[M]. 北京: 中国水利水电出版社, 2000.

[6] 王笃礼, 王璐, 蒋佰坤, 等. 马尔代夫珊瑚砂孔隙比试验研究及无核密度仪应用初探[J]. 岩土工程技术, 2019, 33(5): 259-262, 302.

[7] 邹桂高, 王笃礼, 王祎鹏. 印度洋珊瑚岛礁地基动力特性测试分析[J]. 岩土工程技术, 2019, 33(4): 240-244.

[8] 王笃礼, 张凤林, 李建光, 等. 地下水对珊瑚砂力学性质影响分析[J]. 工程勘察, 2019, 47(4): 24-28.

第4章

吹填珊瑚砂场地地基处理试验研究

珊瑚砂是一种非均匀材料，具有物理力学性质差异大、蠕变变形显著等不利特性，将其作为本工程道基时必须要进行地基处理。本工程对珊瑚砂地基处理方法开展了试验研究。

4.1 设计条件

本工程工作范围为新建 4F 级跑道、联络道和东西两侧机坪，主要设计条件见表 4.1-1。

主要设计条件概况表 表 4.1-1

功能分区	长度/m	宽度/m	设计道面标高/m	道面类型	道面结构层厚度/cm
新建跑道	3400.0	60.0	2.30	沥青混凝土	90
东侧停机坪	350.0	145.0	2.20	水泥混凝土	70
西侧停机坪	563.0	160.0	2.20	水泥混凝土	70

本工程拟建场地由新吹填珊瑚砂场地和早期吹填珊瑚砂场地组成。新吹填珊瑚砂场地的一般吹填厚度约为 2.0~10.5m，吹填年限小于 2 年；早期吹填珊瑚砂场地的一般吹填厚度约为 1.0~6.0m，局部最大吹填厚度约为 8.2m，吹填年限大于 10 年。吹填珊瑚砂地层以下均为自然沉积的珊瑚砂和礁灰岩。

本工程地基处理的范围为全部工作范围，场道设计对地基处理提出的目标要求见表 4.1-2。

飞行区地基处理目标要求 表 4.1-2

承载力要求	变形要求		道基要求	
$f_{ak} \geqslant 150kPa$	工后沉降	$s \leqslant 300mm$	水泥混凝土道面	$k_0 \geqslant 55MN/m^3$
	差异沉降	$\Delta s/L \leqslant 1.5‰$	沥青混凝土道面	$CBR \geqslant 12\%$

4.2 地基处理深度的确定

杨召焕等[1]研究了柔性道面上不同机型作用下的地基附加应力随深度的变化规律，见图 4.2-1；董倩[2]研究了刚性道面上不同机型作用下的地基附加应力随深度的变化规律，见图 4.2-2。

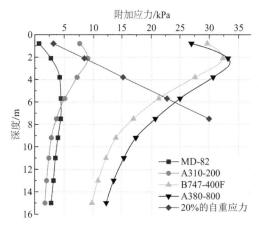

图 4.2-1 柔性道面上不同机型作用下的地基附加
应力随深度的变化曲线

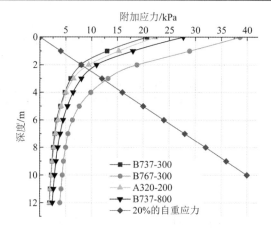

图 4.2-2 刚性道面上不同机型作用下的地基附加
应力随深度的变化曲线

　　根据上述研究，在中低压缩性的地基中，深度大于 4.0m 后，飞机荷载所产生的地基附加应力很小，基本可以判断飞机荷载的主要影响深度为基底以下 4.0m。

　　因此，中低压缩性地基在满足沉降要求的前提下，基底以下 4.0m 深度范围内是地基处理的重点区域。

4.3　地基处理方法比选

　　根据本工程的地基处理目标要求、珊瑚砂的不利特性、机场场道地基工程特点和工程经验，适用的 4 种地基处理方法的可行性对比分析见表 4.3-1。

适用地基处理方法可行性对比分析　　　　　　　　表 4.3-1

地基处理方法	优点	缺点	可行性建议
强夯	对地下水位以上珊瑚砂处理效果较好	1. 对地下水位以下珊瑚砂处理效果难以控制，夯击作用必然引起超孔隙水压力，使细颗粒珊瑚砂发生流动，孔隙不易填实； 2. 冲击力易造成珊瑚砂颗粒破碎； 3. 施工产生的振动会影响既有跑道的使用	不建议
振冲	处理深度较深，容易达到地基处理的预期效果	1. 冲击水压较大，容易引起细颗粒珊瑚砂发生流动，孔隙不易填实； 2. 振冲器下沉上提过程中，容易对珊瑚砂接触部位造成颗粒破碎； 3. 工期较长，成本较大； 4. 施工产生的振动会影响既有跑道的使用	不建议
冲击碾压	1. 冲击力相对较小，不会造成珊瑚砂颗粒破碎； 2. 成本低，工期短，施工工艺相对简单； 3. 施工影响范围小，不会影响既有跑道的使用	1. 处理的持久性相对较弱； 2. 处理深度相对较浅，无法对较深部的地层进行有效的处理	建议进行试验，以确定是否能达到设计要求
振动碾压	1. 振动作用不易造成珊瑚砂颗粒破碎； 2. 成本低，工期短，施工工艺相对简单； 3. 施工影响范围小，不会影响既有跑道的使用	1. 处理的持久性相对较好； 2. 处理深度相对较浅，无法对较深部的地层进行有效的处理	建议进行试验，以确定是否能达到设计要求

经过综合分析，初步选定的地基处理方法为冲击碾压和振动碾压，两种方法的适宜性和可行性，仍需要通过地基处理试验进行确定。

4.4　地基处理试验方案

4.4.1　试验目的

根据地基处理方法比选分析，选择振动碾压和冲击碾压两种地基处理方法开展小区试验。试验的主要目的：

（1）验证两种地基处理方法的可行性，对比分析地基处理效果，确定最终采用的地基处理方法。

（2）确定所选定的地基处理方法的工艺参数。

（3）确定地基处理效果的检测标准。

4.4.2　试验区选择

本工程将地基处理范围划分为 3 个区域，即区域 A、区域 B 和区域 C，各区域划分原则见表 4.4-1。

地基处理区域划分　　　　　　　　　　　　　　　　　　表 4.4-1

区域	划分原则
区域 A	早期吹填珊瑚砂场地，一般吹填珊瑚砂厚度 1.0～6.0m
区域 B	新吹填珊瑚砂场地，一般吹填珊瑚砂厚度 2.0～6.0m
区域 C	新吹填珊瑚砂场地，一般吹填珊瑚砂厚度 6.0～10.5m

在 3 个区域内，共选择了 5 块场地作为试验区，各试验区概况见表 4.4-2。

各试验区概况信息　　　　　　　　　　　　　　　　　　表 4.4-2

区域	试验区	试验区范围/m	场地标高/m	地层情况
区域 A	试验区 Ⅱ	80×50	1.50	表层为吹填珊瑚砂（厚度约 8.2m），其下为自然沉积珊瑚砂（厚度约 3.6m），再下为礁灰岩
	试验区 Ⅲ	30×30	1.00	表层为吹填珊瑚砂（厚度约 5.6m），其下为自然沉积珊瑚砂（厚度约 5.4m），再下为礁灰岩
	试验区 Ⅳ	40×30	1.70	表层为吹填珊瑚砂（厚度约 5.2m），其下为自然沉积珊瑚砂（厚度约 7.8m），再下为礁灰岩
区域 B	试验区 Ⅰ	100×25、50×25	1.70	表层为吹填珊瑚砂（厚度约 6.7m），其下为自然沉积珊瑚砂（厚度约 5.3m），再下为礁灰岩
区域 C	试验区 Ⅴ	100×40	1.80	表层为吹填珊瑚砂（厚度约 10.1m），其下为自然沉积珊瑚砂（厚度约 2.2m），再下为礁灰岩

注：场地标高与设计道基顶标高一致。

地基处理区域划分及各试验区位置见图 4.4-1。

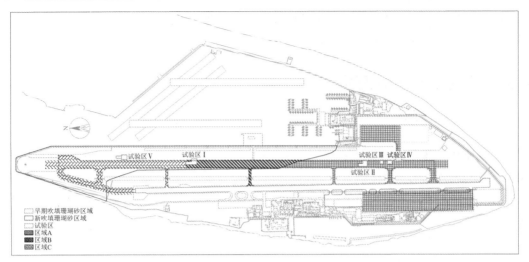

图 4.4-1　地基处理区域划分及各试验区位置示意图

4.4.3　试验工序

5 个试验区的试验工作可分为 3 个阶段：

（1）第一阶段（试验区Ⅰ），分别采用振动碾压和冲击碾压对珊瑚砂进行地基处理，对比分析地基处理效果，确定处理效果更好的地基处理方法，并确定区域 B 的施工工艺参数。

（2）第二阶段（试验区Ⅱ、Ⅲ、Ⅳ），采用试验区Ⅰ确定的处理效果更好的地基处理方法，确定区域 A 的施工工艺参数。

（3）第三阶段（试验区Ⅴ），采用试验区Ⅰ确定的处理效果更好的地基处理方法，确定区域 C 的施工工艺参数。

每个试验区内试验工序：

（1）场地平整至试验要求的标高。

（2）地基处理前，对试验区内珊瑚砂进行一系列原位试验工作。

（3）按照试验方案设定的试验参数进行地基处理，地基处理过程中及时进行沉降监测。

（4）地基处理完成后，对试验区内珊瑚砂进行与地基处理前相同项目的原位试验工作，以对比分析地基处理效果。

4.4.4　地基处理前后原位试验和沉降监测

1. 原位试验

为了对比分析地基处理效果，在地基处理前后，分别在试验区开展一系列的原位试验工作。原位试验主要包括现场密度试验、重型圆锥动力触探试验、平板载荷试验、道基反应模量试验、加州承载比试验等。

2. 沉降观测

在试验区内分别布置了表层沉降监测点和分层沉降监测点。监测工作主要分为施工过程中沉降监测和施工完成后的长期沉降监测。

（1）施工过程中的沉降监测根据各试验区内试验参数的不同，在完成相关工作后及时进行。

（2）施工完成后的长期沉降监测，区域 A 的监测频率为前 2 周，每周 1 次，以后每月 1 次；区域 B 和区域 C 的监测频率为前 4 个月，每周 1 次，以后每半月 1 次，持续 4 个月，往后每月 1 次；监测精度要求小于 1mm。

满足以下两个条件之一即可终止：

（1）暂定终止时间为 2018 年 2 月 28 日。

（2）沉降量小于 4mm/100d，即 0.04mm/d。

4.4.5　地基处理试验参数

1. 第一阶段地基处理试验参数

试验区 Ⅰ 分别采用振动碾压和冲击碾压对珊瑚砂进行地基处理，试验不同地基处理方法、不同碾压遍数、碾压过程中洒海水与洒淡水对地基处理效果的影响。试验区 Ⅰ 内不同试验参数分布见图 4.4-2。

振动碾压是碾压机用动力使偏心块高速运转产生振动力，并结合设备自身重力，共同作用，以此达到使珊瑚砂地基密实的效果。振动碾压设备：设备自重 26t，振动频率 27/32Hz，激振力 405/290kN，见图 4.4-3。

冲击碾压是由牵引车带动凸轮滚动，凸轮的大小半径产生位能落差与行驶的动能相结合，沿地面对珊瑚砂地基进行静压、搓揉、冲击等连续冲击碾压作业，形成高振幅、低频率的冲击能。冲击碾压设备：设备自重 12t，冲击能为 26kJ，见图 4.4-4。

洒水遍数：碾压前洒 1 遍，每振动碾压 4 遍洒水 1 遍，每冲击碾压 5 遍洒水 1 遍。

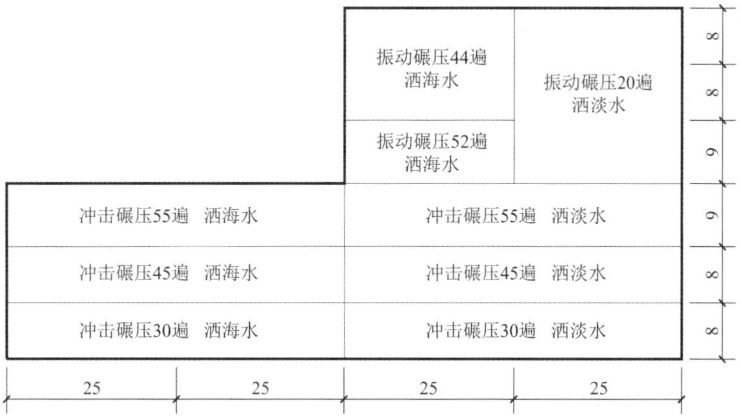

振动碾压44遍 洒海水	振动碾压20遍 洒淡水	∞
振动碾压52遍 洒海水		∞ / 9
冲击碾压55遍　洒海水	冲击碾压55遍　洒淡水	9
冲击碾压45遍　洒海水	冲击碾压45遍　洒淡水	∞
冲击碾压30遍　洒海水	冲击碾压30遍　洒淡水	∞

| 25 | 25 | 25 | 25 |

图 4.4-2　试验区 Ⅰ 内不同试验参数分布示意图（单位：m）

图 4.4-3　振动碾压设备

图 4.4-4　冲击碾压设备

2. 第二阶段地基处理试验参数

试验区Ⅱ、Ⅲ、Ⅳ采用振动碾压对珊瑚砂进行地基处理，试验不同碾压遍数、碾压过程中是否洒海水、不同场地标高对地基处理效果的影响。试验区Ⅱ、Ⅲ、Ⅳ内不同试验参数分布见图4.4-5～图4.4-7。

振动碾压设备：设备自重26t，振动频率27/32Hz，激振力405/290kN。

洒水遍数：碾压前洒1遍，每振动碾压4遍洒水1遍。

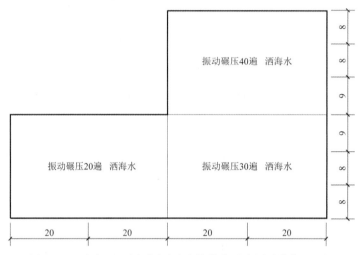

图4.4-5 试验区Ⅱ内不同试验参数分布示意图（单位：m）

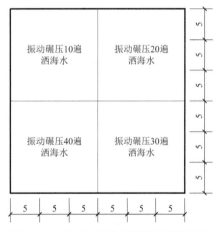

图4.4-6 试验区Ⅲ内不同试验参数分布示意图（单位：m）

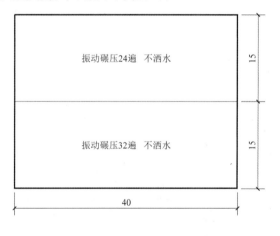

图4.4-7 试验区Ⅳ内不同试验参数分布示意图（单位：m）

3. 第三阶段地基处理试验参数

试验区Ⅴ采用振动碾压对珊瑚砂进行地基处理，试验不同碾压遍数对地基处理效果的影响。试验区Ⅴ内不同试验参数分布见图4.4-8。

区域C是新吹填珊瑚砂场地，表层吹填珊瑚砂厚度约10.1m，为了使振动碾压处理效果能够满足设计要求，增加了振动碾压设备的吨位。振动碾压设备：设备自重36t，振动频率28/32Hz，激振力810/510kN。

洒水遍数：碾压前洒1遍，每振动碾压4遍洒水1遍。

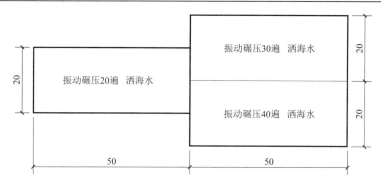

图 4.4-8　试验区 V 内不同试验参数分布示意图（单位：m）

4.5　区域 B 试验成果与分析

按照第 4.4.5 节所确定的地基处理参数对位于区域 B 中的试验区 I 进行了地基处理试验，同时开展了现场密度试验、重型圆锥动力触探试验、平板载荷试验、道基反应模量试验、加州承载比试验、沉降监测、现场浸水试验等检测监测工作，下面将试验成果整理出来进行分析。

4.5.1　现场密度试验

试验过程中在地基处理前、振动碾压后和冲击碾压后分别进行了现场密度试验，测定了珊瑚砂的干密度。密度试验采用大体积法和无核密度仪法。

试验区 I 现场密度试验试验点分布见图 4.5-1。

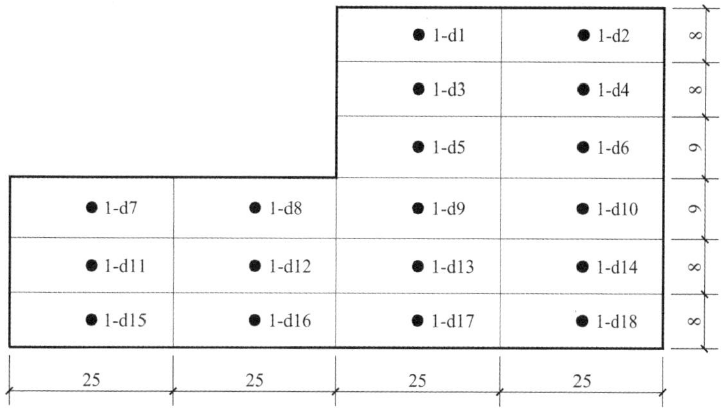

图 4.5-1　试验区 I 现场密度试验试验点分布图（单位：m）

试验区 I 现场密度试验结果见表 4.5-1 和图 4.5-2。

试验区 I 现场密度试验干密度 ρ_d 结果　　　　表 4.5-1

试验方法	碾压遍数	样本数	平均值 / (g/cm³)	最大值 / (g/cm³)	最小值 / (g/cm³)	标准差	提高率/%
振动碾压大体积法	10	6	1.66	1.70	1.60	0.04	8.50
	22	4	1.77	1.85	1.68	0.07	15.69
	26	2	1.80	1.80	1.79	—	17.65

试验方法	碾压遍数	样本数	平均值/（g/cm³）	最大值/（g/cm³）	最小值/（g/cm³）	标准差	提高率/%
振动碾压无核密度仪法	10	3	1.62	1.63	1.62	—	5.88
	22	2	1.70	1.70	1.69	—	11.11
	26	1	1.67	1.67	1.67	—	9.15
冲击碾压大体积法	30	4	1.59	1.67	1.52	0.06	3.92
	45	4	1.65	1.72	1.57	0.07	7.84
	55	4	1.68	1.72	1.64	0.04	9.80
冲击碾压无核密度仪法	30	4	1.62	1.65	1.58	0.03	5.88
	45	4	1.62	1.67	1.56	0.05	5.88
	55	4	1.63	1.61	1.66	0.02	6.54
地基处理前大体积法	0	6	1.53	1.70	1.46	0.09	—

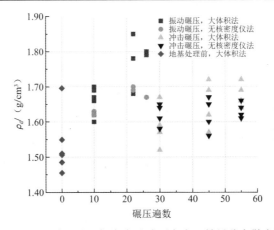

图 4.5-2 试验区 I 现场密度试验干密度 ρ_d 结果分布散点图

分析试验结果，可以得出：

（1）相比地基处理前，地基处理后的干密度均有提高；振动碾压处理后的干密度较冲击碾压处理后的干密度提高更为显著；振动碾压 10 遍以后的干密度基本能达到 1.60g/cm³。

（2）对比大体积法和无核密度仪法试验结果的平均值，振动碾压处理后干密度误差为 3.5%，冲击碾压处理后干密度误差为 1.2%，均小于 5%，证明无核密度仪的精度能够满足试验要求。

（3）相同条件下，洒海水区域（1-d8、1-d12、1-d16）的干密度平均值为 1.63g/cm³，洒淡水区域（1-d9、1-d13、1-d17）的干密度平均值为 1.64g/cm³，两者差值比率 0.6%，表明洒海水和洒淡水对于干密度基本没有影响。

4.5.2 重型圆锥动力触探试验

试验过程中在地基处理前、振动碾压后和冲击碾压后分别进行了重型圆锥动力触探试验。通过对比地基处理前后重型圆锥动力触探试验击数变化情况，判断地基处理效果和地基处理影响深度。

试验区Ⅰ重型圆锥动力触探试验试验点分布见图 4.5-3。

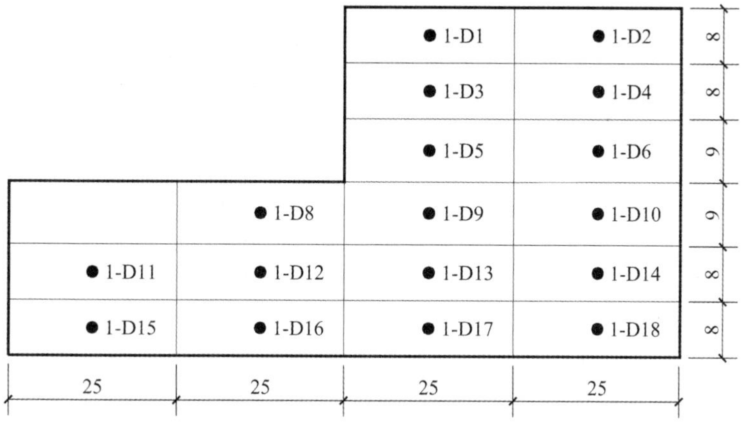

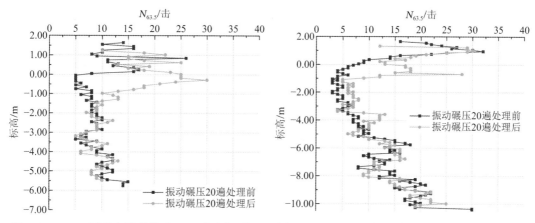

图 4.5-3　试验区Ⅰ重型圆锥动力触探试验试验点分布图（单位：m）

振动碾压 20 遍处理前后试验点 1-D2、1-D4 和 1-D6 的重型圆锥动力触探试验结果见图 4.5-4～图 4.5-6。

图 4.5-4　1-D2 试验点处理前后 DPT 试验位置标
高与试验击数曲线（振动碾压 20 遍）

图 4.5-5　1-D4 试验点处理前后 DPT 试验位置标
高与试验击数曲线（振动碾压 20 遍）

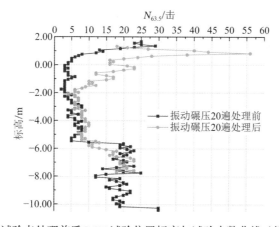

图 4.5-6　1-D6 试验点处理前后 DPT 试验位置标高与试验击数曲线（振动碾压 20 遍）

振动碾压 44 遍处理前后试验点 1-D1 和 1-D3 的重型圆锥动力触探试验结果见图 4.5-7、图 4.5-8。

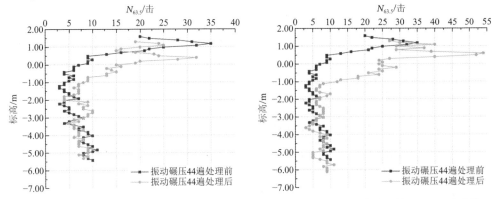

图 4.5-7　1-D1 试验点处理前后 DPT 试验位置标高与试验击数曲线（振动碾压 44 遍）

图 4.5-8　1-D3 试验点处理前后 DPT 试验位置标高与试验击数曲线（振动碾压 44 遍）

振动碾压 52 遍处理前后试验点 1-D5 的重型圆锥动力触探试验结果见图 4.5-9。

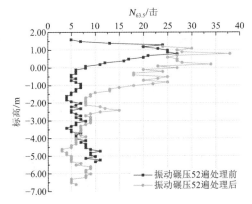

图 4.5-9　1-D5 试验点处理前后 DPT 试验位置标高与试验击数曲线（振动碾压 52 遍）

冲击碾压 30 遍处理前后试验点 1-D15～1-D18 的重型圆锥动力触探试验结果见图 4.5-10～图 4.5-13。

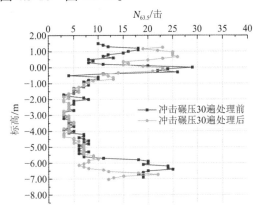

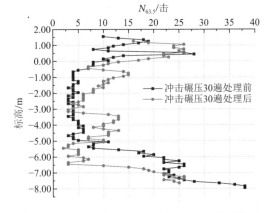

图 4.5-10　1-D15 试验点处理前后 DPT 试验位置标高与试验击数曲线（冲击碾压 30 遍）

图 4.5-11　1-D16 试验点处理前后 DPT 试验位置标高与试验击数曲线（冲击碾压 30 遍）

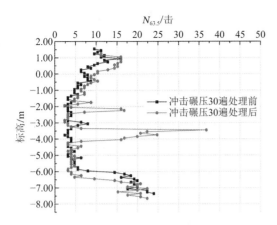

图 4.5-12 1-D17 试验点处理前后 DPT 试验位置
标高与试验击数曲线（冲击碾压 30 遍）

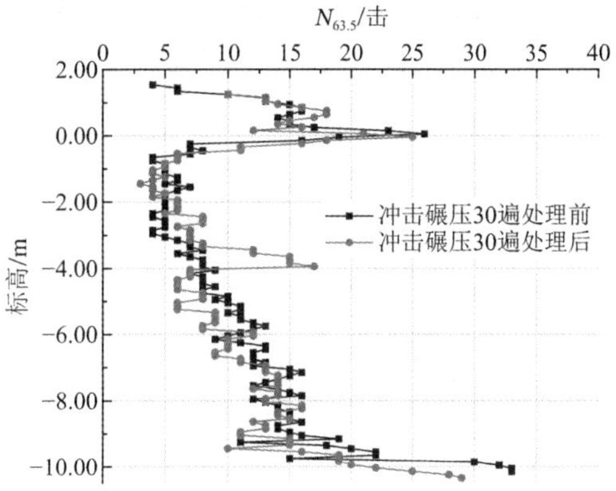

图 4.5-13 1-D18 试验点处理前后 DPT 试验位置
标高与试验击数曲线（冲击碾压 30 遍）

冲击碾压 45 遍处理前后试验点 1-D11～1-D14 的重型圆锥动力触探试验结果见图 4.5-14～图 4.5-17。

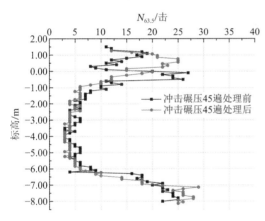
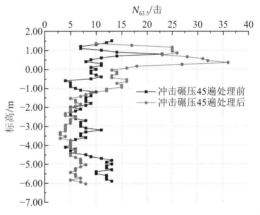

图 4.5-14 1-D11 试验点处理前后 DPT 试验位置
标高与试验击数曲线（冲击碾压 45 遍）

图 4.5-15 1-D12 试验点处理前后 DPT 试验位置
标高与试验击数曲线（冲击碾压 45 遍）

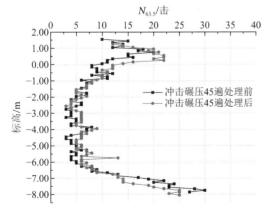
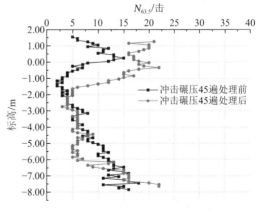

图 4.5-16 1-D13 试验点处理前后 DPT 试验位置
标高与试验击数曲线（冲击碾压 45 遍）

图 4.5-17 1-D14 试验点处理前后 DPT 试验位置
标高与试验击数曲线（冲击碾压 45 遍）

冲击碾压 55 遍处理前后试验点 1-D8～1-D10 的重型圆锥动力触探试验结果见图 4.5-18～图 4.5-20。

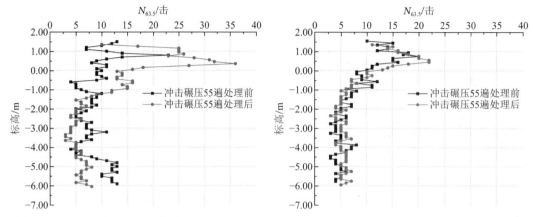

图 4.5-18　1-D8 试验点处理前后 DPT 试验位置
标高与试验击数曲线（冲击碾压 55 遍）

图 4.5-19　1-D9 试验点处理前后 DPT 试验位置
标高与试验击数曲线（冲击碾压 55 遍）

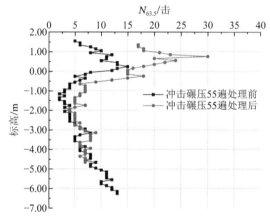

图 4.5-20　1-D10 试验点处理前后 DPT 试验位置标高与试验击数曲线（冲击碾压 55 遍）

分析上述试验结果，可以得出：

（1）振动碾压处理的影响深度大于 4.0m，且地表以下 3.0～3.5m 深度范围的处理效果显著。

（2）振动碾压 20 遍、44 遍和 52 遍，碾压遍数的增加对振动碾压处理的影响深度的增加不显著。

（3）冲击碾压 30 遍的处理效果不显著；冲击碾压 45 遍和冲击碾压 55 遍的处理影响深度可达到地表以下 2.5～3.0m，但深部地层处理后的 DPT 试验击数普遍小于处理前的 DPT 试验击数。

（4）洒海水和洒淡水对于两种地基处理方法基本没有影响。

（5）振动碾压处理后的 DPT 试验击数均大于 5 击。

4.5.3　平板载荷试验

试验过程中在振动碾压后和冲击碾压后分别进行了平板载荷试验，测定了地基处理完成后珊瑚砂的地基承载力及变形模量。

试验区Ⅰ平板载荷试验试验点分布见图4.5-21。

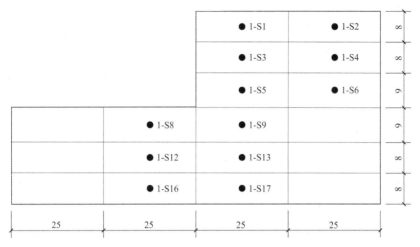

图 4.5-21　试验区Ⅰ平板载荷试验试验点分布图（单位：m）

试验区Ⅰ平板载荷试验成果见表4.5-2、表4.5-3，各试验点的P-s曲线见图4.5-22～图4.5-26，各试验点变形模量E_0见图4.5-27。

试验区Ⅰ平板载荷试验成果　　　　　　　　　　　　　　　　表 4.5-2

地基处理工况	试验点编号	试验点标高/m	最大加载压力P/kPa	最大沉降量s/mm	地基承载力特征值f_{ak}/kPa	变形模量E_0/MPa
振动碾压20遍洒淡水	1-S2	1.38	600	3.14	200	79.6
	1-S4	1.35	600	3.84	200	56.5
	1-S6	1.42	600	3.58	200	121.3
振动碾压44遍洒海水	1-S1	1.45	600	2.81	200	69.5
	1-S3	1.50	600	3.10	200	55.6
振动碾压52遍洒海水	1-S5	1.48	600	3.02	200	66.7
冲击碾压30遍洒海水	1-S16	1.51	600	4.81	200	53.2
冲击碾压30遍洒淡水	1-S17	1.55	600	3.23	200	63.3
冲击碾压45遍洒海水	1-S12	1.49	600	5.89	200	41.1
冲击碾压45遍洒淡水	1-S13	1.48	600	6.36	200	31.6
冲击碾压55遍洒海水	1-S8	1.43	600	3.64	200	76.3
冲击碾压55遍洒淡水	1-S9	1.48	600	3.25	200	73.3

注：地基承载力按安全系数$K=3$确定。

试验区 I 变形模量 E_0 统计结果（单位：MPa）　　　　　　表 4.5-3

地基处理工况		样本数	平均值	最大值	最小值
振动碾压	20 遍 洒淡水	3	85.8	121.3	56.5
	44 遍 洒海水	2	62.6	69.5	55.6
	52 遍	1	66.7	66.7	66.7
冲击碾压	30 遍 洒海水	1	53.2	53.2	53.2
	30 遍 洒淡水	1	63.3	63.3	63.3
	45 遍 洒海水	1	41.1	41.1	41.1
	45 遍 洒淡水	1	31.6	31.6	31.6
	55 遍 洒海水	1	76.3	76.3	76.3
	55 遍 洒淡水	1	73.3	73.3	73.3

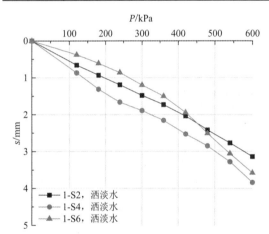

图 4.5-22　振动碾压试验点的 P-s 曲线
（碾压 20 遍）

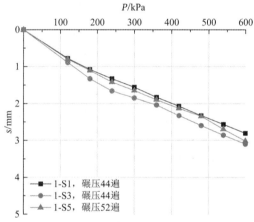

图 4.5-23　振动碾压试验点的 P-s 曲线（洒海水）

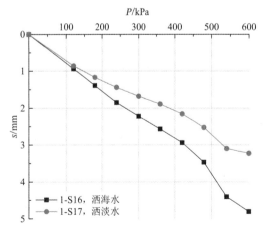

图 4.5-24　冲击碾压试验点的 P-s 曲线
（碾压 30 遍）

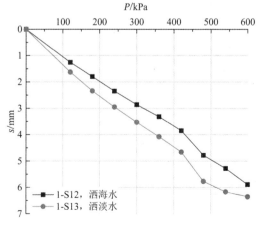

图 4.5-25　冲击碾压试验点的 P-s 曲线
（碾压 45 遍）

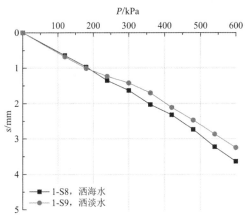

图 4.5-26　冲击碾压试验点的P-s曲线
（碾压 55 遍）

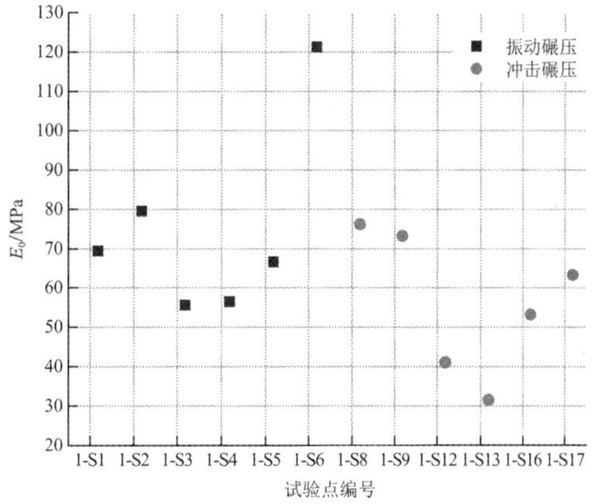

图 4.5-27　试验区 I 各试验点变形模量E_0散点图

分析上述试验结果，可以得出：

（1）按安全系数$K = 3$，振动碾压和冲击碾压处理后珊瑚砂地基承载力$f_{ak} \geqslant 200\text{kPa}$，满足设计要求。

（2）相比地基处理前，振动碾压和冲击碾压处理后变形模量E_0均大幅度提高，且主要集中分布在 40～80MPa 范围内；振动碾压处理后的变形模量平均值大于冲击碾压处理后的变形模量平均值。

（3）洒海水和洒淡水对于两种方法地基处理后的承载力和变形模量基本没有影响。

4.5.4　道基反应模量试验

试验过程中在振动碾压后和冲击碾压后的地基上分别进行了道基反应模量试验，测定了地基处理完成后珊瑚砂的道基反应模量。

试验区 I 道基反应模量试验试验点分布见图 4.5-28。

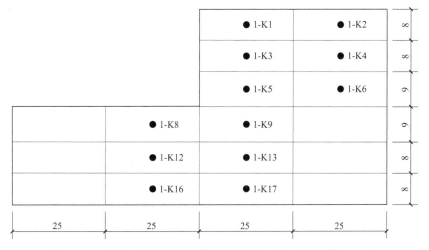

图 4.5-28　试验区 I 道基反应模量试验试验点分布图（单位：m）

试验区 I 道基反应模量试验成果见表 4.5-4、表 4.5-5 和图 4.5-29、图 4.5-30。

试验区Ⅰ道基反应模量试验成果　　　　　　表 4.5-4

地基处理工况	试验点编号	试验点标高/m	道基反应模量K_u /（MN/m³）	不利季节道基反应模量修正系数（d/d_u）	不利季节道基反应模量K_0 /（MN/m³）
振动碾压 20 遍洒淡水	1-K2	1.37	106.3	87.7%	93.2
	1-K4	1.35	112.6	87.7%	98.7
	1-K6	1.40	82.7	87.7%	72.5
振动碾压 44 遍洒海水	1-K1	1.47	102.4	87.7%	89.8
	1-K3	1.46	108.7	87.7%	95.3
振动碾压 52 遍洒海水	1-K5	1.45	139.4	87.7%	122.2
冲击碾压 30 遍洒海水	1-K16	1.49	54.3	87.7%	47.6
冲击碾压 30 遍洒淡水	1-K17	1.52	80.3	87.7%	70.4
冲击碾压 45 遍洒海水	1-K12	1.52	74.0	87.7%	64.8
冲击碾压 45 遍洒淡水	1-K13	1.50	100.0	87.7%	87.7
冲击碾压 55 遍洒海水	1-K8	1.52	118.9	87.7%	104.2
冲击碾压 55 遍洒淡水	1-K9	1.46	67.7	87.7%	59.3

注：不利季节道基反应模量修正系数是根据饱和试样在 0.07MPa 下的压缩量试验结果统计得出。

试验区Ⅰ道基反应模量 K_u 统计结果（单位：MN/m³）　　　　　　表 4.5-5

地基处理工况		样本数	平均值	最大值	最小值
振动碾压	20 遍　洒淡水	3	100.5	112.6	82.7
	44 遍	2	105.6	102.4	108.7
	52 遍　洒海水	1	139.4	139.4	139.4
冲击碾压	30 遍　洒海水	1	54.3	54.3	54.3
	30 遍　洒淡水	1	80.3	80.3	80.3
	45 遍　洒海水	1	74.0	74.0	74.0
	45 遍　洒淡水	1	100.0	100.0	100.0
	55 遍　洒海水	1	118.9	118.9	118.9
	55 遍　洒淡水	1	67.7	67.7	67.7

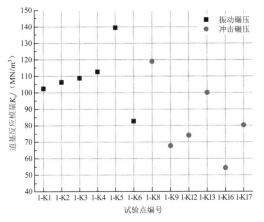

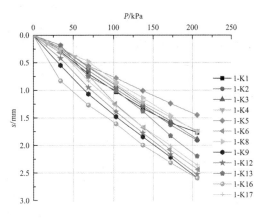

图 4.5-29 试验区 I 各试验点道基反应模量 K_u 散点图

图 4.5-30 试验区 I 各试验点道基反应模量试验的 P-s 曲线

分析上述试验结果，可以得出：

（1）相比地基处理前，振动碾压和冲击碾压处理后，道基反应模量 K_u 均大幅度提高，且振动碾压处理后的道基反应模量 K_u 大于冲击碾压处理处理后的道基反应模量 K_u。

（2）振动碾压处理后的道基反应模量 K_u 均大于 $55MN/m^3$，满足设计要求；冲击碾压处理后的道基反应模量 K_u 基本大于 $55MN/m^3$，仅个别略小于 $55MN/m^3$。

（3）洒海水和洒淡水对于两种方法地基处理后的道基反应模量基本没有影响。

4.5.5 加州承载比试验

试验过程中在振动碾压后和冲击碾压后的地基上分别进行了加州承载比试验，测定了地基处理完成后珊瑚砂的加州承载比。

试验区 I 加州承载比试验试验点分布见图 4.5-31。

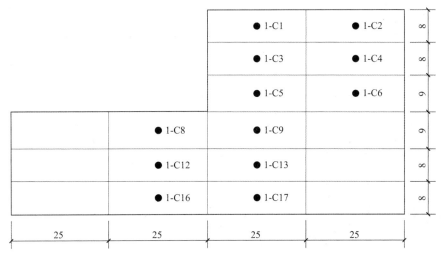

图 4.5-31 试验区 I 加州承载比试验试验点分布图（单位：m）

试验区 I 加州承载比试验成果见表 4.5-6、表 4.5-7 和图 4.5-32、图 4.5-33。

试验区Ⅰ加州承载比试验成果　　　　　　　　　　　表 4.5-6

地基处理工况	试验点编号	试验点标高/m	CBR/%	贯入/mm	含水率w/%	干密度ρ_d/（g/cm³）
振动碾压 20 遍洒淡水	1-C2	1.30	85.3	2.5	9.6	1.59
	1-C4	1.31	77.8	2.5	9.2	1.60
	1-C6	1.41	91.6	2.5	9.1	1.67
振动碾压 44 遍洒海水	1-C1	1.37	56.1	2.5	10.2	1.60
	1-C3	1.45	42.0	5.0	10.1	1.57
振动碾压 52 遍洒海水	1-C5	1.41	86.3	5.0	9.3	1.60
冲击碾压 30 遍洒海水	1-C16	1.58	49.0	5.0	10.0	1.63
冲击碾压 30 遍洒淡水	1-C17	1.47	41.2	2.5	10.2	1.61
冲击碾压 45 遍洒海水	1-C12	1.47	48.6	2.5	9.5	1.63
冲击碾压 45 遍洒淡水	1-C13	1.49	36.7	5.0	9.7	1.59
冲击碾压 55 遍洒海水	1-C8	1.44	61.8	5.0	10.8	1.59
冲击碾压 55 遍洒淡水	1-C9	1.45	64.0	2.5	8.9	1.63

试验区Ⅰ加州承载比 CBR 统计结果（单位：%）　　　　　表 4.5-7

地基处理工况			样本数	平均值	最大值	最小值
振动碾压	20 遍	洒淡水	3	84.9	91.6	77.8
	44 遍	洒海水	2	49.1	56.1	42.0
	52 遍		1	86.3	86.3	86.3
冲击碾压	30 遍	洒海水	1	49.0	49.0	49.0
	30 遍	洒淡水	1	41.2	41.2	41.2
	45 遍	洒海水	1	48.6	48.6	48.6
	45 遍	洒淡水	1	36.7	36.7	36.7
	55 遍	洒海水	1	61.8	61.8	61.8
	55 遍	洒淡水	1	64.0	64.0	64.0

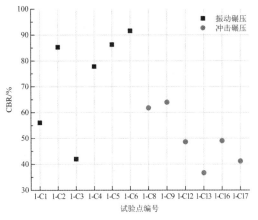

图 4.5-32　试验区 I 各试验点加州承载比 CBR 散点图

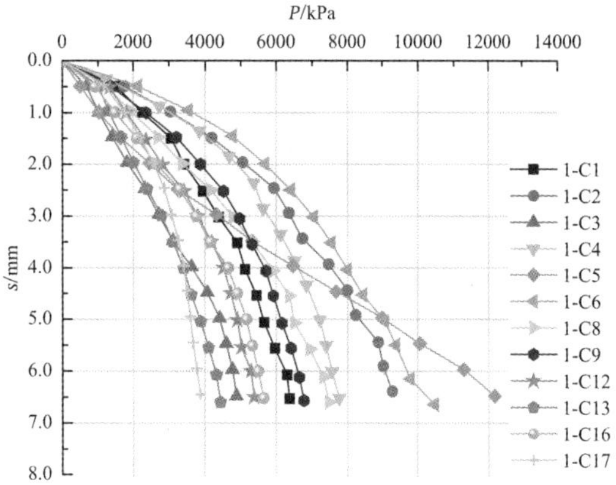

图 4.5-33　试验区 I 各试验点加州承载比试验的 P-s 曲线

分析试验结果，可以得出：

（1）相比地基处理前，振动碾压和冲击碾压处理后加州承载比 CBR 均大幅度提高，且振动碾压处理后的加州承载比 CBR 大于冲击碾压处理后的加州承载比 CBR。

（2）振动碾压和冲击碾压处理后的加州承载比 CBR 均大于 12%，满足设计要求。

（3）洒海水和洒淡水对于两种方法地基处理后的加州承载比 CBR 基本没有影响。

4.5.6　沉降监测

试验过程中，在振动碾压后和冲击碾压后分别进行了沉降监测，测定了地基处理施工期间的地表沉降量。地基处理完成后的工后长期沉降监测结果见第 6 章。

试验区 I 地表沉降监测点分布见图 4.5-34。

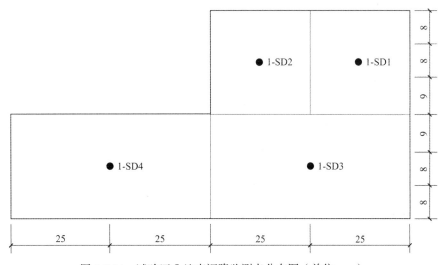

图 4.5-34　试验区 I 地表沉降监测点分布图（单位：m）

试验区 I 地表沉降监测成果见图 4.5-35。

试验区 I 地基处理后地表沉降量见表 4.5-8。

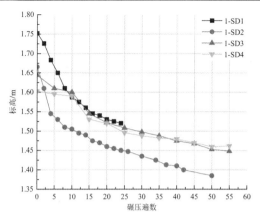

图 4.5-35　试验区Ⅰ地表沉降监测点地表标高-碾压遍数曲线

试验区Ⅰ地基处理后地表沉降量一览表　　　　　表 4.5-8

地基处理工况	碾压设备参数	碾压遍数	地表沉降量s/mm
冲击碾压	自重 12t，冲击能为 26kJ	20	122.82
		44	176.08
		52	195.23
振动碾压	自重 26t，振动频率 27/32Hz，激振力 405/290kN	30	194.73
		45	215.31
		55	229.49

　　分析监测结果可以看出，采用26t振动碾压处理产生的地表沉降量最大值为229.49mm，采用冲击碾压处理产生的地表沉降量最大值为 195.23mm，振动碾压处理后的沉降量大于冲击碾压处理后的沉降量，采用振动碾压处理可以预先消除更多的沉降量。

4.5.7　现场浸水试验

　　为了确定珊瑚砂吹填场地是否具有湿陷性，在试验区Ⅰ附近进行了现场浸水试验。

　　现场浸水试验在试验区Ⅰ附近未进行地基处理的区域开挖了 1 个浸水试坑，试坑尺寸为3.0m×3.0m，试坑深度为 0.8m，试坑底面标高为 1.70m，并在试坑内注入海水，见图 4.5-36。

　　在试坑内和四周（试坑周围堆土以外）布置 5 个地表沉降监测点（图 4.5-37），监测周期 3 天，监测成果见表 4.5-9。

图 4.5-36　浸水试坑

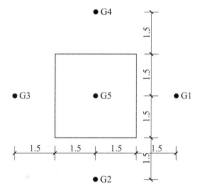

图 4.5-37　现场浸水试验监测点平面位置示意图

浸水试验地表沉降监测记录表

表 4.5-9

监测点	监测日期	2017-3-27	2017-3-28	2017-3-29	2017-3-30
G1	标高/m	1.698	1.698	1.698	1.699
	累计沉降/mm	—	0	0	1
G2	标高/m	1.717	1.717	1.717	1.717
	累计沉降/mm	—	0	0	0
G3	标高/m	1.680	1.681	1.682	1.682
	累计沉降/mm	—	0	1	1
G4	标高/m	1.799	1.800	1.800	1.800
	累计沉降/mm	—	1	1	1
G5	标高/m	1.741	1.741	1.741	1.741
	累计沉降/mm	—	0	0	0

根据监测结果，珊瑚砂吹填场地浸水后基本不发生下沉，不具有湿陷性。

4.5.8　冲击碾压处理后珊瑚砂地层探索试验

根据上述试验结果，初步认为振动碾压的处理效果要优于冲击碾压的处理效果。为了进一步验证振动碾压的处理效果，在冲击碾压处理后的区域内进行了振动碾压处理。

本次探索试验选择试验区Ⅰ冲击碾压完成 55 遍后的区域进行振动碾压处理，振动碾压遍数 12 遍，振动碾压后再次进行重型圆锥动力触探试验，对比振动碾压处理前后的结果。同时在该区域设置了 2 个地表沉降监测点，以监测振动碾压处理后的地表沉降。重型圆锥动力触探（DPT）试验试验点（1-D9a、1-D10a）和地表沉降监测点（1-SD1a、1-SD2a）布置见图 4.5-38。

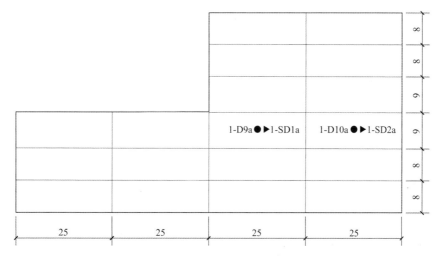

图 4.5-38　重型圆锥动力触探试验试验点和地表沉降监测点平面位置示意图（单位：m）

再继续振动碾压 12 遍处理前后试验点 1-D9a 和 1-D10a 的重型圆锥动力触探试验结果见图 4.5-39、图 4.5-40。

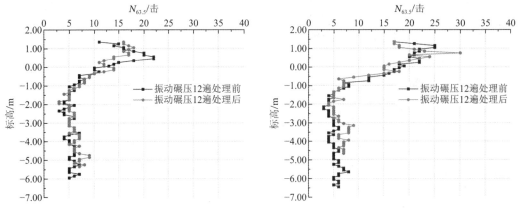

图 4.5-39　1-D9a 试验点处理前后 DPT 试验位置　　图 4.5-40　1-D10a 试验点处理前后 DPT 试验位置
　　　　　　标高与试验击数曲线　　　　　　　　　　　　　　标高与试验击数曲线

再振动碾压 12 遍处理前后地表沉降监测结果见表 4.5-10。

地表沉降监测记录表　　　　　　　　　　表 4.5-10

地表沉降监测点		冲击碾压 55 遍	冲击碾压 55 遍 + 振动碾压 4 遍	冲击碾压 55 遍 + 振动碾压 8 遍	冲击碾压 55 遍 + 振动碾压 12 遍
1-SD1a	标高/m	1.485	1.484	1.472	1.452
	累计沉降/mm		1	13	33
2-SD2a	标高/m	1.470	1.435	1.405	1.387
	累计沉降/mm		35	66	82

分析上述试验结果，可以得出：

（1）冲击碾压处理后再进行振动碾压处理，珊瑚砂场地仍有显著下沉，表明振动碾压可消除更多的沉降量。

（2）冲击碾压处理后再进行振动碾压处理，DPT 试验击数基本不变，表明振动碾压和冲击碾压对处理影响深度范围内的珊瑚砂地层的处理效果基本一致。

4.5.9　试验结论

根据区域 B 地基处理试验前后原位试验和沉降监测成果的对比分析，综合得出如下初步结论：

（1）26t 振动碾压处理效果优于 12t 冲击碾压，26t 振动碾压处理的影响深度大于 4.0m，且地表以下 3.0～3.5m 深度范围的处理效果显著。

（2）振动碾压处理后珊瑚砂地基承载力、道基反应模量和加州承载比均能满足设计要求。

（3）碾压遍数的增加对振动碾压处理的影响深度的增加不显著，可在下一阶段采用振动碾压开展进一步试验研究。

（4）洒海水和洒淡水对于振动碾压处理效果无影响，可在下一阶段进一步研究洒水与不洒水工况对振动碾压处理效果的影响。

（5）振动碾压处理后，地基处理影响深度范围内的珊瑚砂干密度基本能达到 1.60g/cm³，DPT 试验击数基本均大于 5 击，可在下一阶段进一步研究干密度和 DPT 试验击数作为地基处理检测指标的可行性。

4.6 区域 A 试验成果与分析

按照第 4.4.5 节所确定的地基处理参数对位于区域 A 中的试验区Ⅱ、Ⅲ、Ⅳ进行了地基处理试验，同时开展了现场密度试验、重型圆锥动力触探试验、平板载荷试验、道基反应模量试验、加州承载比试验、沉降监测等检测监测工作，下面将试验成果整理出来进行分析。

4.6.1 现场密度试验

试验区Ⅱ、Ⅲ、Ⅳ现场密度试验试验点分布见图 4.6-1～图 4.6-3。

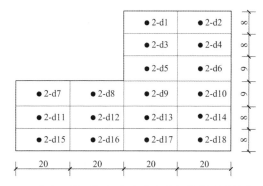

图 4.6-1 试验区Ⅱ现场密度试验试验点分布图（单位：m）

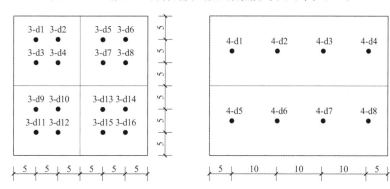

图 4.6-2 试验区Ⅲ现场密度试验试验点 图 4.6-3 试验区Ⅳ现场密度试验试验点
分布图（单位：m） 分布图（单位：m）

试验区Ⅱ、Ⅲ、Ⅳ现场密度试验结果见表 4.6-1～表 4.6-3 和图 4.6-4～图 4.6-6。

试验区Ⅱ现场密度试验干密度 ρ_d 结果 表 4.6-1

试验方法	碾压遍数	样本数	平均值 /（g/cm³）	最大值 /（g/cm³）	最小值 /（g/cm³）	标准差	提高率/%
振动碾压，大体积法	20	8	1.74	1.78	1.70	0.03	17.57
	30	6	1.71	1.75	1.66	0.04	15.54
	40	6	1.72	1.79	1.67	0.04	16.22
振动碾压，无核 密度仪法	20	6	1.70	1.73	1.68	0.02	14.86
	30	6	1.69	1.70	1.60	0.04	14.19
	40	6	1.71	1.73	1.70	0.02	15.54
地基处理前，大体积法	0	6	1.48	1.54	1.41	0.06	—

试验区Ⅲ现场密度试验干密度 ρ_d 结果　　　　　表 4.6-2

试验方法	碾压遍数	样本数	平均值 /（g/cm³）	最大值 /（g/cm³）	最小值 /（g/cm³）	标准差	提高率/%
振动碾压，大体积法	10	6	1.65	1.66	1.65	0.02	12.24
	20	6	1.65	1.69	1.62	0.03	12.24
	30	6	1.67	1.71	1.63	0.02	13.61
	40	6	1.64	1.65	1.62	0.02	11.56
振动碾压，无核密度仪法	10	4	1.66	1.67	1.66	0.00	12.93
	20	4	1.66	1.66	1.65	0.01	12.93
	30	4	1.66	1.66	1.65	0.01	12.93
	40	4	1.66	1.66	1.66	0.00	12.93
地基处理前，大体积法	0	6	1.47	1.51	1.44	0.02	——

试验区Ⅳ现场密度试验干密度 ρ_d 结果　　　　　表 4.6-3

试验方法	碾压遍数	样本数	平均值 /（g/cm³）	最大值 /（g/cm³）	最小值 /（g/cm³）	标准差	提高率/%
振动碾压，大体积法	24	6	1.66	1.70	1.64	0.02	17.73
	32	6	1.60	1.65	1.52	0.05	13.48
地基处理前，大体积法	0	5	1.41	1.45	1.36	0.04	——

分析上述试验结果，可以得出：

（1）相比地基处理前，地基处理后的干密度均有提高，振动碾压法碾压 10 遍以后的干密度基本均大于 1.60g/cm³。

（2）试验区Ⅱ振动碾压处理不同遍数的干密度平均值为 1.69～1.74g/cm³，试验区Ⅲ振动碾压处理不同遍数的干密度平均值为 1.64～1.67g/cm³，试验区Ⅳ振动碾压处理不同遍数的干密度平均值为 1.60～1.66g/cm³，振动碾压过程中洒海水处理后的干密度更大，洒海水可以提高振动碾压处理后的干密度。

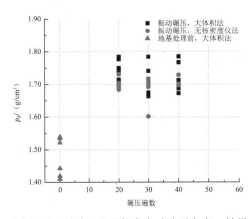

图 4.6-4　试验区Ⅱ现场密度试验干密度 ρ_d 结果分布散点图

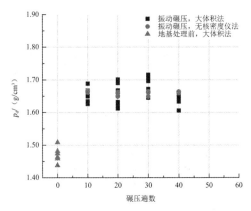

图 4.6-5　试验区Ⅲ现场密度试验干密度 ρ_d 结果分布散点图

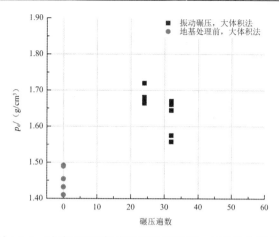

图 4.6-6　试验区Ⅳ现场密度试验干密度ρ_d结果分布散点图

4.6.2　重型圆锥动力触探试验

试验区Ⅱ、Ⅲ、Ⅳ重型圆锥动力触探试验试验点分布见图 4.6-7～图 4.6-9。

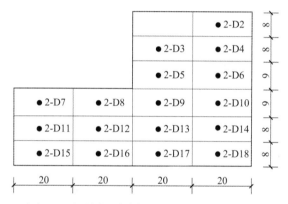

图 4.6-7　试验区Ⅱ重型圆锥动力触探试验试验点分布图（单位：m）

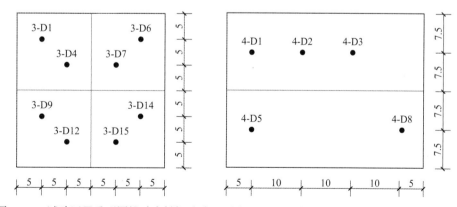

图 4.6-8　试验区Ⅲ重型圆锥动力触探试验　　图 4.6-9　试验区Ⅳ重型圆锥动力触探试验
　　试验点分布图（单位：m）　　　　　　　　试验点分布图（单位：m）

试验区Ⅱ振动碾压 20 遍处理前后试验点 2-D7、2-D8、2-D11、2-D12、2-D15 和 2-D16 的重型圆锥动力触探试验结果见图 4.6-10～图 4.6-15。

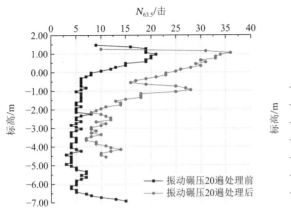

图 4.6-10　2-D7 试验点处理前后 DPT 试验位置
标高与试验击数曲线（振动碾压 20 遍）

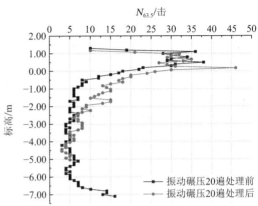

图 4.6-11　2-D8 试验点处理前后 DPT 试验位置
标高与试验击数曲线（振动碾压 20 遍）

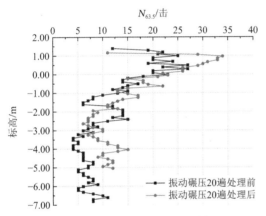

图 4.6-12　2-D11 试验点处理前后 DPT 试验位置
标高与试验击数曲线（振动碾压 20 遍）

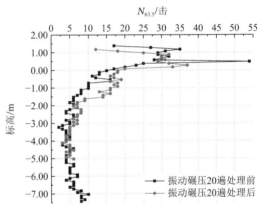

图 4.6-13　2-D12 试验点处理前后 DPT 试验位置
标高与试验击数曲线（振动碾压 20 遍）

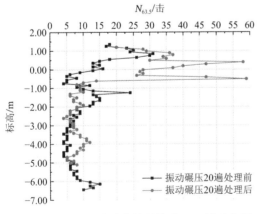

图 4.6-14　2-D15 试验点处理前后 DPT 试验位置
标高与试验击数曲线（振动碾压 20 遍）

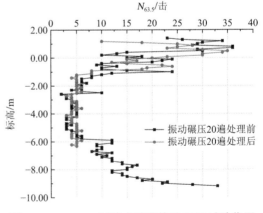

图 4.6-15　2-D16 试验点处理前后 DPT 试验位置
标高与试验击数曲线（振动碾压 20 遍）

　　试验区 Ⅱ 振动碾压 30 遍处理前后试验点 2-D9、2-D10、2-D13、2-D14、2-D17 和 2-D18 的重型圆锥动力触探试验结果见图 4.6-16～图 4.6-21。

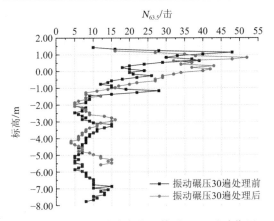

图 4.6-16　2-D9 试验点处理前后 DPT 试验位置
标高与试验击数曲线（振动碾压 30 遍）

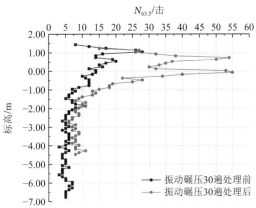

图 4.6-17　2-D10 试验点处理前后 DPT 试验位置
标高与试验击数曲线（振动碾压 30 遍）

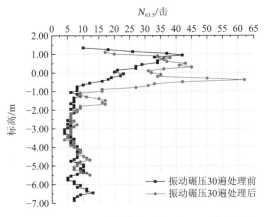

图 4.6-18　2-D13 试验点处理前后 DPT 试验位置
标高与试验击数曲线（振动碾压 30 遍）

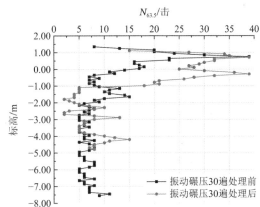

图 4.6-19　2-D14 试验点处理前后 DPT 试验位置
标高与试验击数曲线（振动碾压 30 遍）

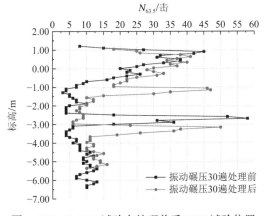

图 4.6-20　2-D17 试验点处理前后 DPT 试验位置
标高与试验击数曲线（振动碾压 30 遍）

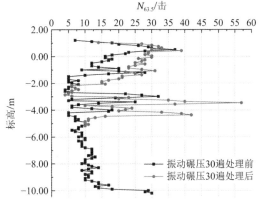

图 4.6-21　2-D18 试验点处理前后 DPT 试验位置
标高与试验击数曲线（振动碾压 30 遍）

　　试验区 Ⅱ 振动碾压 40 遍处理前后试验点 2-D2～2-D6 的重型圆锥动力触探试验结果见
图 4.6-22～图 4.6-26。

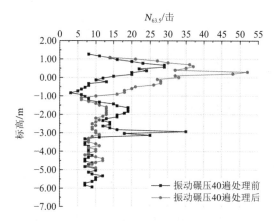

图 4.6-22　2-D2 试验点处理前后 DPT 试验位置标高与试验击数曲线（振动碾压 40 遍）

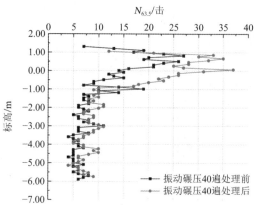

图 4.6-23　2-D3 试验点处理前后 DPT 试验位置标高与试验击数曲线（振动碾压 40 遍）

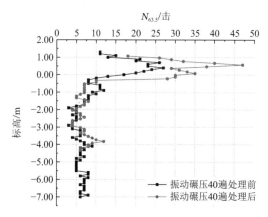

图 4.6-24　2-D4 试验点处理前后 DPT 试验位置标高与试验击数曲线（振动碾压 40 遍）

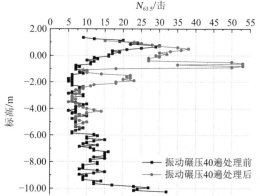

图 4.6-25　2-D5 试验点处理前后 DPT 试验位置标高与试验击数曲线（振动碾压 40 遍）

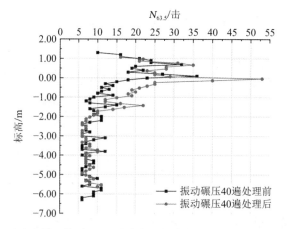

图 4.6-26　2-D6 试验点处理前后 DPT 试验位置标高与试验击数曲线（振动碾压 40 遍）

　　试验区Ⅲ振动碾压 10 遍处理前后试验点 3-D1 和 3-D4 的重型圆锥动力触探试验结果见图 4.6-27、图 4.6-28。

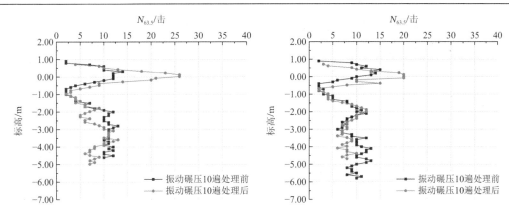

图 4.6-27　3-D1 试验点处理前后 DPT 试验位置
标高与试验击数曲线（振动碾压 10 遍）

图 4.6-28　3-D4 试验点处理前后 DPT 试验位置
标高与试验击数曲线（振动碾压 10 遍）

试验区Ⅲ振动碾压 20 遍处理前后试验点 3-D6 和 3-D7 的重型圆锥动力触探试验结果见图 4.6-29、图 4.6-30。

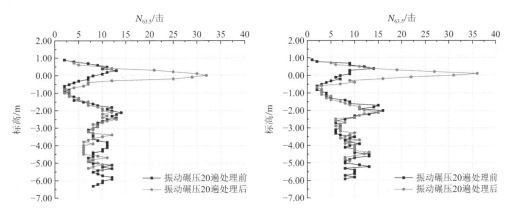

图 4.6-29　3-D6 试验点处理前后 DPT 试验位置
标高与试验击数曲线（振动碾压 20 遍）

图 4.6-30　3-D7 试验点处理前后 DPT 试验位置
标高与试验击数曲线（振动碾压 20 遍）

试验区Ⅲ振动碾压 30 遍处理前后试验点 3-D14 和 3-D15 的重型圆锥动力触探试验结果见图 4.6-31、图 4.6-32。

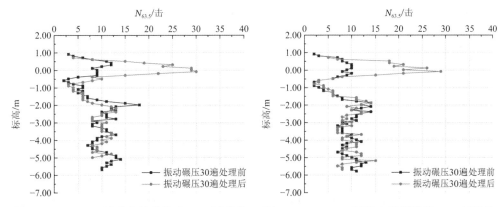

图 4.6-31　3-D14 试验点处理前后 DPT 试验位
置标高与试验击数曲线（振动碾压 30 遍）

图 4.6-32　3-D15 试验点处理前后 DPT 试验位
置标高与试验击数曲线（振动碾压 30 遍）

试验区Ⅲ振动碾压 40 遍处理前后试验点 3-D9 和 3-D12 的重型圆锥动力触探试验结果见图 4.6-33、图 4.6-34。

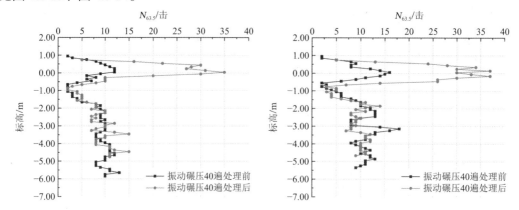

图 4.6-33　3-D9 试验点处理前后 DPT 试验位置标高与试验击数曲线（振动碾压 40 遍）　图 4.6-34　3-D12 试验点处理前后 DPT 试验位置标高与试验击数曲线（振动碾压 40 遍）

试验区Ⅳ振动碾压 24 遍处理前后试验点 4-D1～4-D3 的重型圆锥动力触探试验结果见图 4.6-35～图 4.6-37。

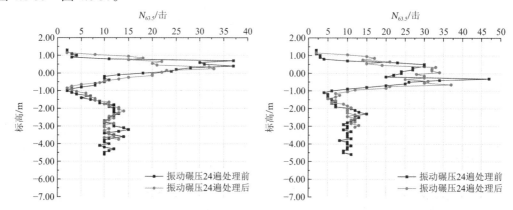

图 4.6-35　4-D1 试验点处理前后 DPT 试验位置标高与试验击数曲线（振动碾压 24 遍）　图 4.6-36　4-D2 试验点处理前后 DPT 试验位置标高与试验击数曲线（振动碾压 24 遍）

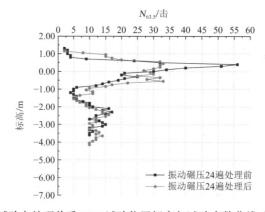

图 4.6-37　4-D3 试验点处理前后 DPT 试验位置标高与试验击数曲线（振动碾压 24 遍）

试验区Ⅳ振动碾压 32 遍处理前后试验点 4-D5 和 4-D8 的重型圆锥动力触探试验结果

见图 4.6-38、图 4.6-39。

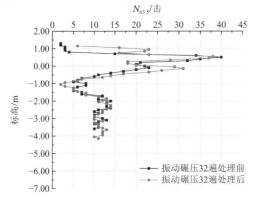

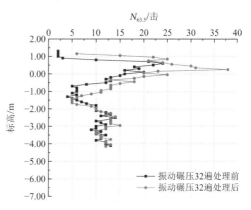

图 4.6-38　4-D5 试验点处理前后 DPT 试验位置　图 4.6-39　4-D8 试验点处理前后 DPT 试验位置
标高与试验击数曲线（振动碾压 32 遍）　　标高与试验击数曲线（振动碾压 32 遍）

分析上述试验结果，可以得出：

（1）试验区Ⅱ，振动碾压对地表至标高约−2.00m 范围内（厚度约 3.5m）珊瑚砂的处理效果显著，对标高−2.00m 以下珊瑚砂的处理效果差异较大，规律性较差；并且碾压遍数的增加对振动碾压处理的影响深度的增加不显著。

（2）试验区Ⅲ，振动碾压对地表至标高约−1.00m 范围内（厚度约 2.0m）珊瑚砂的处理效果显著，对标高−1.00m 以下珊瑚砂的处理效果不显著；并且碾压遍数的增加对振动碾压处理的影响深度的增加不显著。试验区Ⅲ地表标高约为 1.00m，相比试验区Ⅱ（地表标高约 1.50m）更接近地下水位，说明地下水对振动碾压的处理效果有一定的制约作用。

（3）试验区Ⅳ，不洒水工况下，振动碾压对珊瑚砂的处理效果不显著。与试验区Ⅱ的试验结果对比分析，说明洒水措施可显著提高地基处理效果，洒水后振动碾压效果更好。

（4）试验区Ⅲ和试验区Ⅳ，DPT 试验击数在上部和下部的数值较高，在标高约−1.00m 附近存在一段 DPT 试验击数较低的区域。

（5）振动碾压处理后的 DPT 试验击数均大于 5 击。

4.6.3　平板载荷试验

试验区Ⅱ、Ⅲ平板载荷试验试验点分布见图 4.6-40、图 4.6-41，试验区Ⅳ未进行平板载荷试验。

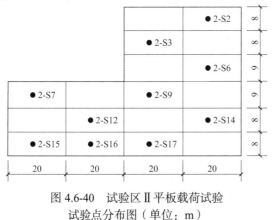

图 4.6-40　试验区Ⅱ平板载荷试验　　图 4.6-41　试验区Ⅲ平板载荷试验
试验点分布图（单位：m）　　　　　试验点分布图（单位：m）

试验区Ⅱ平板载荷试验成果见表4.6-4、表4.6-5，试验区Ⅲ平板载荷试验成果见表4.6-6、表4.6-7。

试验区Ⅱ平板载荷试验成果 表 4.6-4

地基处理工况	试验点编号	试验点标高/m	最大加载压力P/kPa	最大沉降量/mm	地基承载力特征值f_{ak}/kPa	变形模量E_0/MPa
振动碾压20遍洒海水	2-S7	1.43	600	3.66	200	59.7
	2-S12	1.20	600	3.68	200	73.3
	2-S15	1.31	600	5.26	200	52.1
	2-S16	1.30	600	5.08	200	54.4
振动碾压30遍洒海水	2-S9	1.31	600	4.32	200	49.3
	2-S14	1.21	600	4.23	200	66.1
	2-S17	1.27	600	5.04	200	46.8
振动碾压40遍洒海水	2-S2	1.30	600	3.55	200	65.5
	2-S3	1.15	600	5.01	200	46.8
	2-S6	1.25	600	4.07	200	56.9

注：地基承载力按安全系数$K=3$确定。

试验区Ⅱ变形模量E_0统计结果（单位：MPa） 表 4.6-5

地基处理工况			样本数	平均值	最大值	最小值
振动碾压	20遍	洒海水	4	59.9	73.3	52.1
	30遍		3	54.1	66.1	46.8
	40遍		3	56.4	65.5	46.8

试验区Ⅲ平板载荷试验成果 表 4.6-6

地基处理工况	试验点编号	试验点标高/m	最大加载压力P/kPa	最大沉降量/mm	地基承载力特征值f_{ak}/kPa	变形模量E_0/MPa
振动碾压10遍洒海水	3-S1	0.89	600	6.50	200	42.0
	3-S2	0.87	600	5.30	200	42.8
	3-S4	0.88	600	5.26	200	45.1
振动碾压20遍洒海水	3-S6	0.86	600	5.54	200	45.4
	3-S7	0.86	600	6.65	200	42.5
	3-S8	0.89	600	4.78	200	44.1
振动碾压30遍洒海水	3-S13	0.85	600	4.06	200	58.7
	3-S15	0.92	600	5.44	200	43.8
	3-S16	0.87	600	4.68	200	49.7
振动碾压40遍洒海水	3-S10	0.88	600	4.31	200	68.5
	3-S11	0.92	600	5.47	200	44.1
	3-S12	0.90	600	4.83	200	51.4

注：地基承载力按安全系数$K=3$确定。

试验区Ⅲ变形模量 E_0 统计结果（单位：MPa）　　**表 4.6-7**

地基处理工况			样本数	平均值	最大值	最小值
振动碾压	10 遍	洒海水	3	43.3	45.1	42.0
	20 遍		3	44.0	45.4	42.5
	30 遍		3	50.7	58.7	43.8
	40 遍		3	54.7	68.5	44.1

试验区Ⅱ各试验点的P-s曲线见图 4.6-42，各试验点变形模量E_0见图 4.6-43。

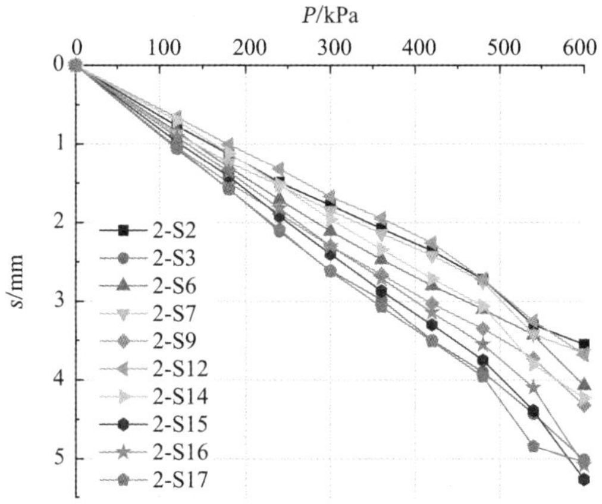

图 4.6-42　试验区Ⅱ各试验点的P-s曲线

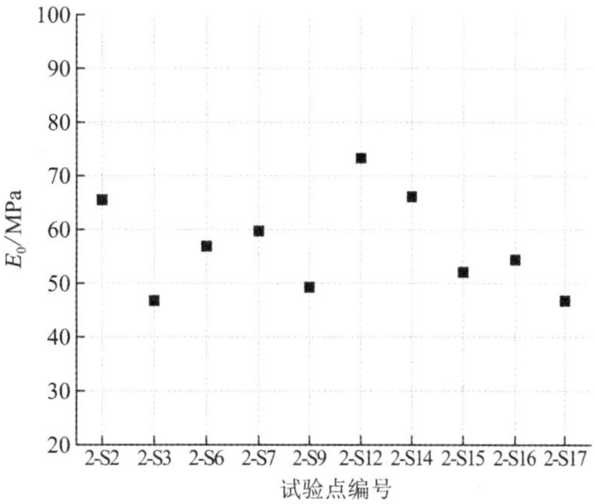

图 4.6-43　试验区Ⅱ各试验点变形模量E_0散点图

试验区Ⅲ各试验点的P-s曲线见图 4.6-44，各试验点变形模量E_0见图 4.6-45。

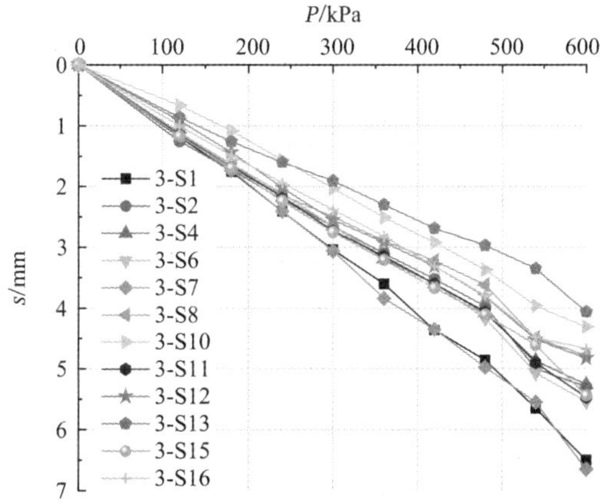

图 4.6-44　试验区Ⅲ各试验点的P-s曲线

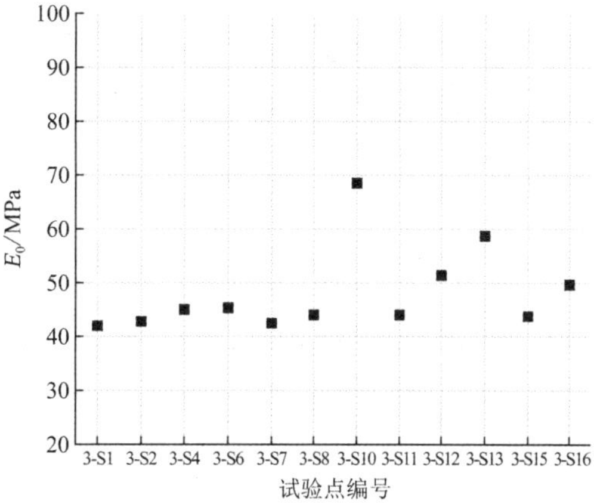

图 4.6-45　试验区Ⅲ各试验点变形模量E_0散点图

分析上述试验结果，可以得出：

（1）按安全系数$K = 3$，振动碾压处理后珊瑚砂地基承载力$f_{ak} \geqslant 200$kPa，满足设计要求。

（2）相比地基处理前，振动碾压处理后变形模量E_0均大幅度提高，且主要集中分布在 40～60MPa 范围内。

（3）碾压遍数的增加对地基承载力f_{ak}和变形模量E_0的影响不显著。

4.6.4 道基反应模量试验

试验区Ⅱ、Ⅲ、Ⅳ道基反应模量试验试验点分布见图4.6-46～图4.6-48。

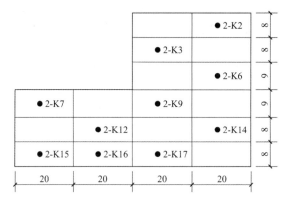

图4.6-46 试验区Ⅱ道基反应模量试验试验点分布图（单位：m）

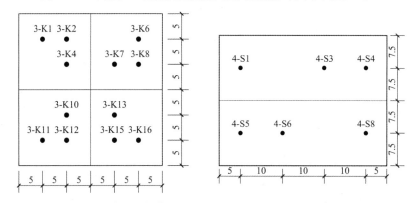

图4.6-47 试验区Ⅲ道基反应模量试验 图4.6-48 试验区Ⅳ道基反应模量试验
试验点分布图（单位：m） 试验点分布图（单位：m）

试验区Ⅱ道基反应模量试验成果见表4.6-8、表4.6-9和图4.6-49、图4.6-50。

试验区Ⅱ道基反应模量试验成果 表4.6-8

地基处理工况	试验点编号	试验点标高 /m	道基反应模量K_u /（MN/m³）	不利季节道基反应模量修正系数（d/d_u）	不利季节道基反应模量K_0 /（MN/m³）
振动碾压20遍洒海水	2-K7	1.41	99.2	82.7%	82.0
	2-K12	1.23	140.2	87.7%	122.9
	2-K15	1.32	135.4	64.8%	87.8
	2-K16	1.30	96.1	73.8%	70.9
振动碾压30遍洒海水	2-K9	1.30	112.6	86.6%	97.5
	2-K14	1.23	78.7	77.2%	60.8
	2-K17	1.25	108.7	88.8%	96.5
振动碾压40遍洒海水	2-K2	1.28	86.6	83.0%	71.9
	2-K3	1.14	90.6	85.8%	77.7
	2-K6	1.29	78.7	88.5%	69.7

注：不利季节道基反应模量修正系数是根据饱和试样在0.07MPa下的压缩量试验结果统计得出。

试验区Ⅱ道基反应模量 K_u 统计结果（单位：MN/m³）　　表 4.6-9

地基处理工况		样本数	平均值	最大值	最小值
振动碾压	20 遍	4	117.7	140.2	96.1
	30 遍 洒海水	3	100.0	112.6	78.7
	40 遍	3	85.3	90.6	78.7

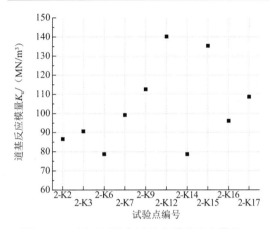

图 4.6-49　试验区Ⅱ各试验点道基反应模量 K_u 散点图

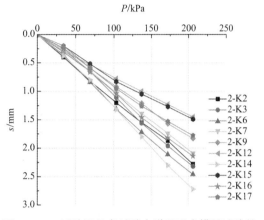

图 4.6-50　试验区Ⅱ各试验点道基反应模量试验的 P-s 曲线

试验区Ⅲ道基反应模量试验成果见表 4.6-10、表 4.6-11 和图 4.6-51、图 4.6-52。

试验区Ⅲ道基反应模量试验成果　　表 4.6-10

地基处理工况	试验点编号	试验点标高/m	道基反应模量 K_u /（MN/m³）	不利季节道基反应模量修正系数（d/d_u）	不利季节道基反应模量 K_0 /（MN/m³）
振动碾压 10 遍 洒海水	3-K1	0.90	75.6	91.1%	68.8
	3-K2	0.89	76.4	80.2%	61.1
	3-K4	0.89	60.6	72.9%	44.2
振动碾压 20 遍 洒海水	3-K6	0.89	82.7	73.0%	60.4
	3-K7	0.84	78.0	72.5%	56.9
	3-K8	0.91	105.5	86.6%	91.8
振动碾压 30 遍 洒海水	3-K13	0.84	75.6	80.5%	61.2
	3-K15	0.90	64.6	71.4%	45.9
	3-K16	0.90	89.8	88.1%	79.0
振动碾压 40 遍 洒海水	3-K10	0.88	72.4	84.7%	61.5
	3-K11	0.92	85.8	88.4%	75.5
	3-K12	0.89	96.9	78.4%	75.6

注：不利季节道基反应模量修正系数是根据饱和试样在 0.07MPa 下的压缩量试验结果统计得出。

试验区Ⅲ道基反应模量 K_u 统计结果（单位：MN/m³）　　表 4.6-11

地基处理工况			样本数	平均值	最大值	最小值
振动碾压	10 遍	洒海水	3	70.9	76.4	60.6
	20 遍		3	88.7	105.5	78.0
	30 遍		3	76.7	89.8	64.6
	40 遍		3	85.0	96.9	72.4

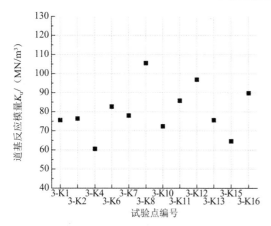

图 4.6-51　试验区Ⅲ各试验点道基反应模量 K_u　　图 4.6-52　试验区Ⅲ各试验点道基反应模量试验的
　　　　　　散点图　　　　　　　　　　　　　　　　　　　　　　 $P\text{-}s$ 曲线

试验区Ⅳ道基反应模量试验成果见表 4.6-12、表 4.6-13 和图 4.6-53、图 4.6-54。

试验区Ⅳ道基反应模量试验成果　　表 4.6-12

地基处理工况	试验点编号	试验点标高 /m	道基反应模量 K_u /（MN/m³）	不利季节道基反应模量修正系数（d/d_u）	不利季节道基反应模量 K_0 /（MN/m³）
振动碾压 24 遍不洒水	4-K1	1.61	100.0	89.4%	89.0
	4-K3	1.59	104.7	92.8%	97.4
	4-K4	1.66	114.2	95.4%	108.5
振动碾压 32 遍不洒水	4-K5	1.62	92.9	99.2%	92.0
	4-K6	1.57	109.4	99.2%	108.3
	4-K8	1.64	74.0	93.2%	68.8

注：不利季节道基反应模量修正系数是根据饱和试样在 0.07MPa 下的压缩量试验结果统计得出。

试验区Ⅳ道基反应模量 K_u 统计结果（单位：MN/m³）　　表 4.6-13

地基处理工况			样本数	平均值	最大值	最小值
振动碾压	24 遍	不洒水	3	106.3	114.2	100.0
	32 遍		3	92.1	109.4	74.0

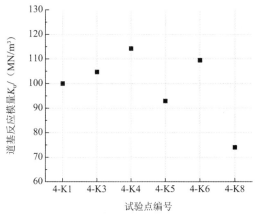

图 4.6-53　试验区Ⅳ各试验点道基反应模量K_u
散点图

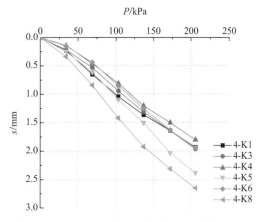

图 4.6-54　试验区Ⅳ各试验点道基反应模量试验的
P-s曲线

分析上述试验结果，可以得出：

（1）相比地基处理前，振动碾压处理后道基反应模量K_u均大幅度提高。

（2）试验区Ⅱ，振动碾压处理后的道基反应模量K_u主要集中分布在 80～120MN/m³ 范围内，均大于 55MN/m³，满足设计要求。

（3）试验区Ⅲ，振动碾压处理后的道基反应模量K_u主要集中分布在 60～90MN/m³ 范围内，均大于 55MN/m³，满足设计要求。试验区Ⅲ地表标高约为 1.00m，相比试验区Ⅱ（地表标高约 1.50m）更接近地下水位，说明地下水对振动碾压的处理效果有一定的制约作用。

（4）试验区Ⅳ，不洒水工况下，振动碾压处理后的道基反应模量K_u主要集中分布在 90～110MN/m³ 范围内，均大于 55MN/m³，满足设计要求。相比试验区Ⅱ的洒海水工况，说明洒海水与不洒水条件对振动碾压处理后的道基反应模量K_u没有影响。

（5）碾压遍数的增加对道基反应模量K_u的影响不显著。

4.6.5　加州承载比试验

试验区Ⅱ、Ⅲ、Ⅳ加州承载比试验试验点分布见图 4.6-55～图 4.6-57。

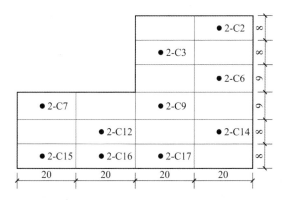

图 4.6-55　试验区Ⅱ加州承载比试验试验点分布图（单位：m）

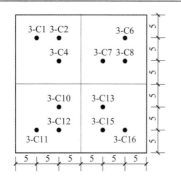

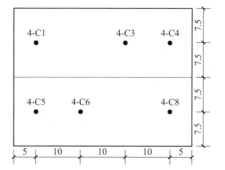

图 4.6-56　试验区Ⅲ加州承载比试验　　图 4.6-57　试验区Ⅳ加州承载比试验
试验点分布图（单位：m）　　　　　　试验点分布图（单位：m）

试验区Ⅱ加州承载比试验成果见表 4.6-14、表 4.6-15 和图 4.6-58、图 4.6-59。

试验区Ⅱ加州承载比试验成果　　　　　　　表 4.6-14

地基处理工况	试验点编号	试验点标高/m	CBR/%	贯入/mm	含水率w/%	干密度ρ_d/（g/cm³）
振动碾压 20 遍洒海水	2-C7	1.36	76.7	2.5	11.6	1.59
	2-C12	1.17	51.8	5.0	12.3	1.57
	2-C15	1.31	90.3	5.0	12.6	1.62
	2-C16	1.30	55.8	5.0	11.4	1.60
振动碾压 30 遍洒海水	2-C9	1.29	63.0	2.5	11.3	1.57
	2-C14	1.22	71.8	5.0	12.8	1.70
	2-C17	1.24	45.9	2.5	12.1	1.56
振动碾压 40 遍洒海水	2-C2	1.30	77.9	5.0	11.3	1.56
	2-C3	1.13	81.9	5.0	11.6	1.69
	2-C6	1.30	68.5	5.0	11.1	1.69

试验区Ⅱ加州承载比统计结果（单位：%）　　　　　　表 4.6-15

地基处理工况			样本数	平均值	最大值	最小值
振动碾压	20 遍	洒海水	4	68.7	90.3	51.8
	30 遍		3	60.2	71.8	45.9
	40 遍		3	76.1	81.9	68.5

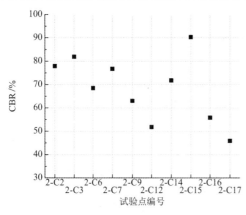

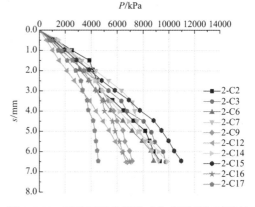

图 4.6-58　试验区Ⅱ各试验点加州承载比　　图 4.6-59　试验区Ⅱ各试验点加州承载比试验的
散点图　　　　　　　　　　　　　　　　　　P-s曲线

试验区Ⅲ加州承载比试验成果见表 4.6-16、表 4.6-17 和图 4.6-60、图 4.6-61。

试验区Ⅲ加州承载比试验成果　　　　　　　　　　表 4.6-16

地基处理工况	试验点编号	试验点标高/m	CBR/%	贯入量/mm	含水率w/%	干密度ρ_d/（g/cm³）
振动碾压 10 遍洒海水	3-C1	0.84	38.3	5.0	17.97	1.66
	3-C2	0.88	38.9	5.0	17.59	1.67
	3-C4	0.84	30.3	5.0	17.93	1.66
振动碾压 20 遍洒海水	3-C6	0.89	32.7	2.5	18.26	1.65
	3-C7	0.82	28.2	5.0	18.17	1.65
	3-C8	0.84	34.4	5.0	17.88	1.66
振动碾压 30 遍洒海水	3-C13	0.87	43.1	5.0	18.26	1.65
	3-C15	0.89	31.7	5.0	17.97	1.66
	3-C16	0.86	39.0	2.5	17.73	1.66
振动碾压 40 遍洒海水	3-C10	0.81	57.9	5.0	18.09	1.66
	3-C11	0.92	37.5	5.0	17.94	1.66
	3-C12	0.86	58.7	5.0	17.92	1.66

试验区Ⅲ加州承载比统计结果（单位：%）　　　　　　　表 4.6-17

地基处理工况			样本数	平均值	最大值	最小值
振动碾压	10 遍	洒海水	3	35.8	38.9	30.3
	20 遍		3	31.8	34.4	28.2
	30 遍		3	37.9	43.1	31.7
	40 遍		3	51.4	58.7	37.5

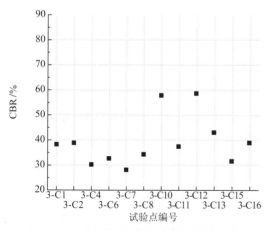

图 4.6-60　试验区Ⅲ各试验点加州承载比散点图

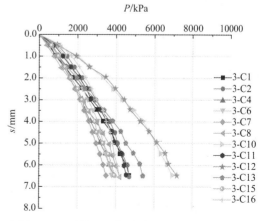

图 4.6-61　试验区Ⅲ各试验点加州承载比试验的 P-s 曲线

试验区Ⅳ加州承载比试验成果见表 4.6-18、表 4.6-19 和图 4.6-62、图 4.6-63。

试验区Ⅳ加州承载比试验成果　　　　　　　　　　　　　表 4.6-18

地基处理工况	试验点编号	试验点标高/m	CBR/%	贯入量/mm	含水率w/%	干密度ρ_d /（g/cm³）
振动碾压 24 遍 不洒水	4-C1	1.65	22.1	5.0	12.0	1.57
	4-C3	1.61	27.2	2.5	12.8	1.51
	4-C4	1.63	24.8	5.0	14.5	1.55
振动碾压 32 遍 不洒水	4-C5	1.59	77.7	5.0	18.6	1.47
	4-C6	1.50	68.0	5.0	12.1	1.53
	4-C8	1.65	57.7	5.0	13.3	1.54

试验区Ⅳ加州承载比统计结果（单位：%）　　　　　　　　表 4.6-19

地基处理工况			样本数	平均值	最大值	最小值
振动碾压	24 遍	不洒水	3	24.7	27.2	22.1
	32 遍		3	67.8	77.7	57.7

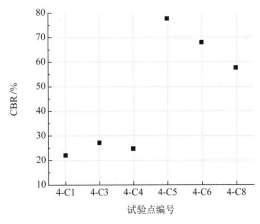

图 4.6-62　试验区Ⅳ各试验点加州承载比 散点图

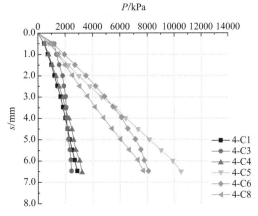

图 4.6-63　试验区Ⅳ各试验点加州承载比试验的 P-s曲线

分析上述试验结果，可以得出：

（1）相比地基处理前，振动碾压处理后加州承载比 CBR 均大幅度提高。

（2）试验区Ⅱ，振动碾压处理后的加州承载比 CBR 主要集中分布在 50%～80%范围内，均大于 12%，满足设计要求。

（3）试验区Ⅲ，振动碾压处理后的加州承载比 CBR 主要集中分布在 25%～45%范围内，均大于 12%，满足设计要求。试验区Ⅲ地表标高约为 1.00m，相比试验区Ⅱ（地表标高约 1.50m）更接近地下水位，说明地下水对振动碾压的处理效果有一定的制约作用。

（4）试验区Ⅳ，不洒水工况下，振动碾压处理后的加州承载比 CBR 离散性较大，且均大于 12%，满足设计要求。相比试验区Ⅱ的洒海水工况，说明洒海水与不洒水条件对振动碾压处理后的加州承载比 CBR 具有一定影响。

（5）洒海水工况下，碾压遍数的增加对加州承载比 CBR 的影响不显著；不洒水工况下，加州承载比 CBR 随碾压遍数的增加而增大。

4.6.6　沉降监测

试验过程中进行了沉降监测，测定了振动碾压地基处理施工期间的地表沉降量。地基处理完成后的工后长期沉降监测结果见第 6 章。

试验区Ⅱ、Ⅲ、Ⅳ沉降监测点分布见图 4.6-64～图 4.6-66，其中 SD 表示地表沉降监测点，DD 表示分层沉降监测点。

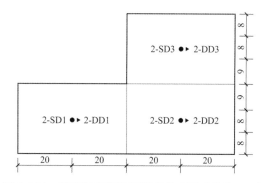

图 4.6-64　试验区Ⅱ沉降监测点分布图（单位：m）

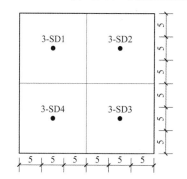

图 4.6-65　试验区Ⅲ地表沉降监测点
分布图（单位：m）

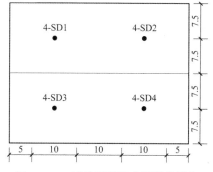

图 4.6-66　试验区Ⅳ地表沉降监测点
分布图（单位：m）

试验区Ⅱ地表沉降监测成果见图 4.6-67，分层沉降监测点 2-DD1 的监测成果见图 4.6-68～图 4.6-72，分层沉降监测点 2-DD2 的监测成果见图 4.6-73～图 4.6-76，分层沉降监测点 2-DD3 的监测成果见图 4.6-77～图 4.6-80。

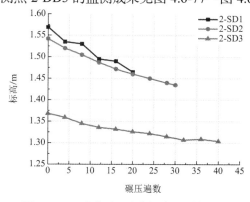

图 4.6-67　试验区Ⅱ地表沉降监测点地表
标高-碾压遍数曲线

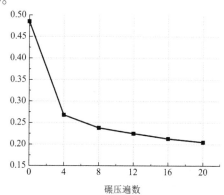

图 4.6-68　试验区Ⅱ分层沉降监测点
标高-碾压遍数曲线（2-DD1-1）

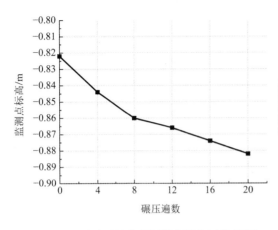

图 4.6-69 试验区Ⅱ分层沉降监测点标高-碾压
遍数曲线（2-DD1-2）

图 4.6-70 试验区Ⅱ分层沉降监测点标高-碾压
遍数曲线（2-DD1-3）

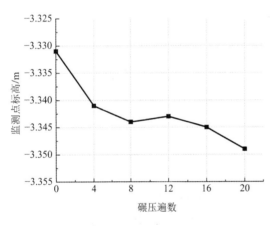

图 4.6-71 试验区Ⅱ分层沉降监测点标高-碾压
遍数曲线（2-DD1-4）

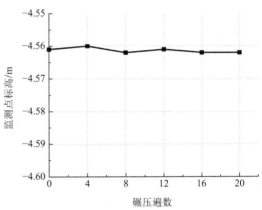

图 4.6-72 试验区Ⅱ分层沉降监测点标高-碾压
遍数曲线（2-DD1-5）

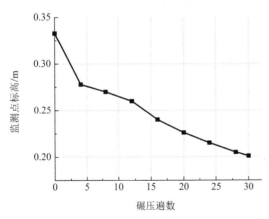

图 4.6-73 试验区Ⅱ分层沉降监测点标高-碾压
遍数曲线（2-DD2-1）

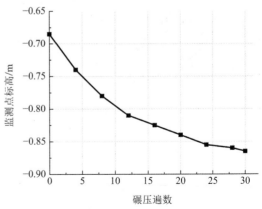

图 4.6-74 试验区Ⅱ分层沉降监测点标高-碾压
遍数曲线（2-DD2-2）

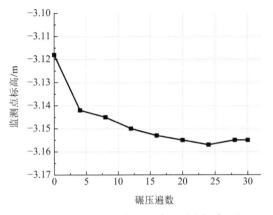

图 4.6-75　试验区Ⅱ分层沉降监测点标高-碾压
遍数曲线（2-DD2-3）

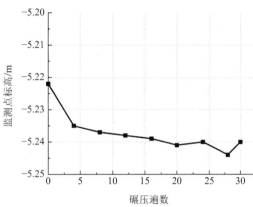

图 4.6-76　试验区Ⅱ分层沉降监测点标高-碾压
遍数曲线（2-DD2-4）

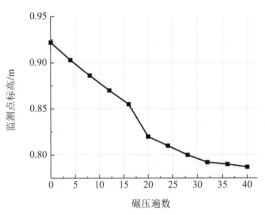

图 4.6-77　试验区Ⅱ分层沉降监测点标高-碾压
遍数曲线（2-DD3-1）

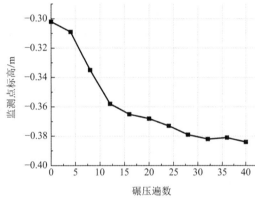

图 4.6-78　试验区Ⅱ分层沉降监测点标高-碾压
遍数曲线（2-DD3-2）

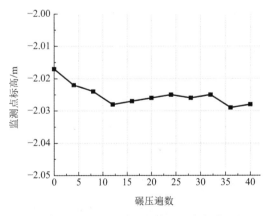

图 4.6-79　试验区Ⅱ分层沉降监测点标高-碾压
遍数曲线（2-DD3-3）

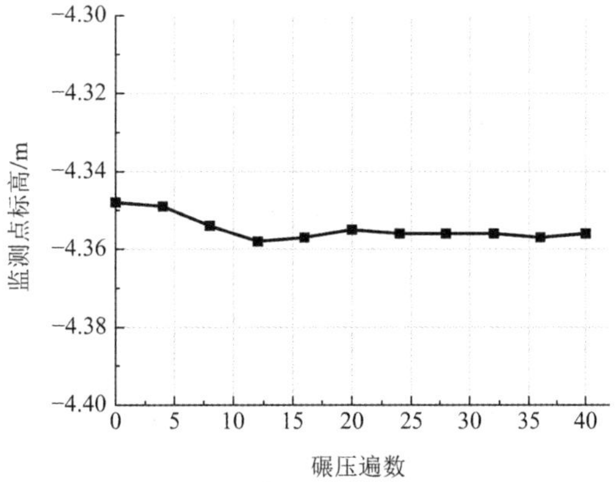

图 4.6-80　试验区Ⅱ分层沉降监测点标高-碾压
遍数曲线（2-DD3-4）

试验区Ⅲ地表沉降监测成果见图 4.6-81。
试验区Ⅳ地表沉降监测成果见图 4.6-82。

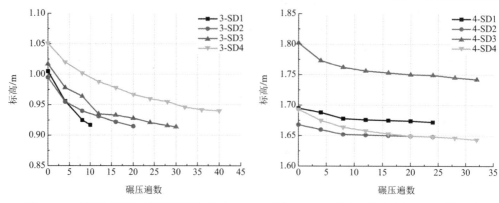

图 4.6-81　试验区Ⅲ地表沉降监测点地表　　图 4.6-82　试验区Ⅳ地表沉降监测点地表
　　　　　标高-碾压遍数曲线　　　　　　　　　　　　标高-碾压遍数曲线

试验区Ⅱ、Ⅲ、Ⅳ振动碾压处理后地表沉降量见表4.6-20。

试验区Ⅱ、Ⅲ、Ⅳ振动碾压处理后地表沉降量一览表　　　　表 4.6-20

试验区	碾压遍数	地表沉降量s/mm
Ⅱ	20	106.81
	30	126.40
	40	138.21
Ⅲ	10	49.66
	20	83.59
	30	95.71
	40	108.55
Ⅳ	24	44.66
	32	51.73

分析试验过程中的沉降监测结果，可以得出：

（1）对比试验区Ⅱ和试验区Ⅳ的监测数据，在其他工况条件相同时，不洒水工况振动碾压产生的地表沉降量小于洒海水工况，说明洒海水振动碾压处理效果更好。

（2）对比试验区Ⅱ和试验区Ⅲ，珊瑚砂总厚度基本相同，在相同工况条件时，吹填珊瑚砂厚度大，产生的地表沉降量大。

（3）地表沉降量随着碾压遍数的增加而增大，说明增加碾压遍数有利于预先消除更多的沉降量。

（4）根据图4.6-67、图4.6-81和图4.6-82，在振动碾压24遍时，曲线的斜率明显减小，说明振动碾压24遍后沉降趋于稳定。

（5）根据试验区Ⅱ的分层沉降监测数据，浅部监测点沉降量变化较大，且随着振动碾压遍数的增加而逐渐趋于稳定，达到一定深度后深层监测点沉降基本不变化，振动碾压处理影响深度大于4.0m。

4.6.7　试验结论

根据区域A地基处理试验前后原位试验和沉降监测成果的对比分析，综合得出初步结论如下：

（1）26t 振动碾压处理的影响深度大于 4.0m。

（2）振动碾压处理后珊瑚砂地基承载力、道基反应模量和加州承载比均能满足设计要求。

（3）碾压遍数与地表沉降量呈正相关，与振动碾压处理影响深度、地基承载力、道基反应模量、加州承载比等指标无显著相关性。

（4）相比不洒水工况，洒海水振动碾压处理效果更好。

（5）振动碾压处理后，珊瑚砂干密度基本能达到 1.60g/cm³，DPT 试验击数均大于 5 击。

4.7 区域 C 试验成果与分析

按照第 4.4.5 节所确定的地基处理参数对位于区域 C 中的试验区 V 进行了地基处理试验，同时开展了现场密度试验、重型圆锥动力触探试验、平板载荷试验、道基反应模量试验、加州承载比试验、沉降监测、颗粒分析试验、振动测试等检测监测工作，下面将试验成果整理出来进行分析。

4.7.1 现场密度试验

试验区 V 地基处理试验前后现场密度试验试验点分布见图 4.7-1、图 4.7-2。

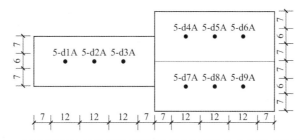

图 4.7-1 试验区 V 地基处理前现场密度试验试验点分布图（单位：m）

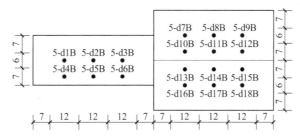

图 4.7-2 试验区 V 地基处理后现场密度试验试验点分布图（单位：m）

试验区 V 现场密度试验结果见表 4.7-1 和图 4.7-3。

分析上述试验结果，可以得出：

（1）相比地基处理前，地基处理后的干密度均有提高，振动碾压法碾压 20 遍以后的干密度均大于 1.60g/cm³。

（2）采用 36t 振动碾压设备处理后的干密度平均值略大于采用 26t 振动碾压设备处理后的干密度。

试验区 V 现场密度试验干密度 ρ_d 结果　　　　表 4.7-1

试验方法	碾压遍数	样本数	平均 / (g/cm³)	最大值 / (g/cm³)	最小值 / (g/cm³)	标准差	提高率/%
振动碾压，大体积法	20	6	1.69	1.73	1.65	0.03	9.74
振动碾压，大体积法	30	6	1.70	1.75	1.67	0.03	10.39
振动碾压，大体积法	40	6	1.70	1.76	1.66	0.04	10.39
振动碾压，无核密度仪法	20	8	1.66	1.69	1.63	0.02	6.41
振动碾压，无核密度仪法	30	8	1.68	1.73	1.65	0.03	7.70
振动碾压，无核密度仪法	40	8	1.69	1.74	1.66	0.03	8.33
地基处理前，大体积法	0	9	1.54	1.58	1.49	0.03	
地基处理前，无核密度仪法	0	24	1.56	1.63	1.50	0.04	

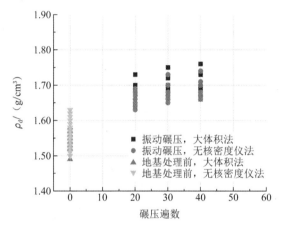

图 4.7-3　试验区 V 现场密度试验干密度 ρ_d 结果分布散点图

4.7.2　重型圆锥动力触探试验

试验区 V 重型圆锥动力触探试验试验点分布见图 4.7-4。

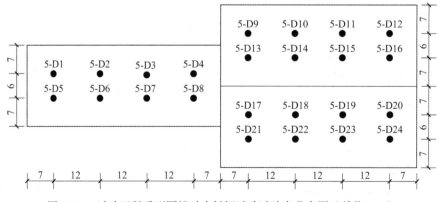

图 4.7-4　试验区 V 重型圆锥动力触探试验试验点分布图（单位：m）

试验区 V 振动碾压 20 遍处理前后试验点 5-D1～5-D8 的重型圆锥动力触探试验结果见图 4.7-5～图 4.7-12。

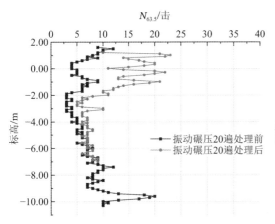

图 4.7-5　5-D1 试验点处理前后 DPT 试验位置
标高与试验击数曲线（振动碾压 20 遍）

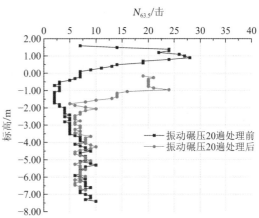

图 4.7-6　5-D2 试验点处理前后 DPT 试验位置
标高与试验击数曲线（振动碾压 20 遍）

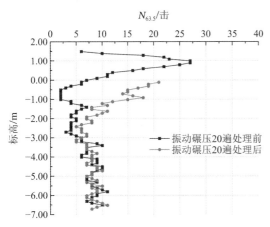

图 4.7-7　5-D3 试验点处理前后 DPT 试验位置
标高与试验击数曲线（振动碾压 20 遍）

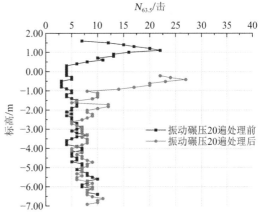

图 4.7-8　5-D4 试验点处理前后 DPT 试验位置
标高与试验击数曲线（振动碾压 20 遍）

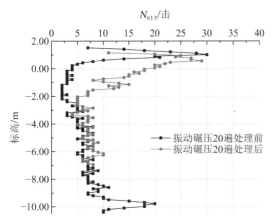

图 4.7-9　5-D5 试验点处理前后 DPT 试验位置
标高与试验击数曲线（振动碾压 20 遍）

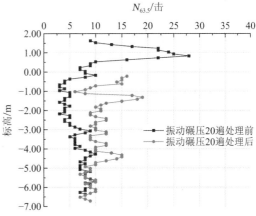

图 4.7-10　5-D6 试验点处理前后 DPT 试验位置
标高与试验击数曲线（振动碾压 20 遍）

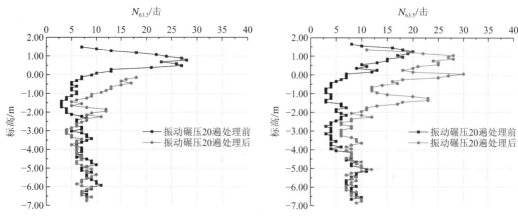

图 4.7-11　5-D7 试验点处理前后 DPT 试验位置
标高与试验击数曲线（振动碾压 20 遍）

图 4.7-12　5-D8 试验点处理前后 DPT 试验位置
标高与试验击数曲线（振动碾压 20 遍）

试验区 V 振动碾压 30 遍处理前后试验点 5-D9～5-D16 的重型圆锥动力触探试验结果见图 4.7-13～图 4.7-20。

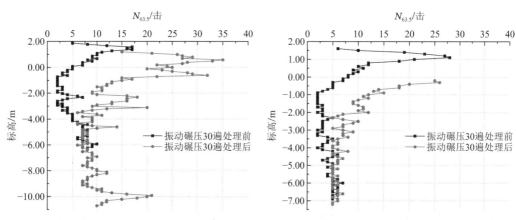

图 4.7-13　5-D9 试验点处理前后 DPT 试验位置
标高与试验击数曲线（振动碾压 30 遍）

图 4.7-14　5-D10 试验点处理前后 DPT 试验位置
标高与试验击数曲线（振动碾压 30 遍）

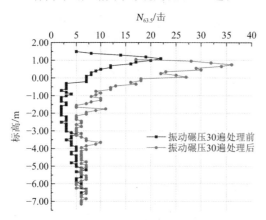

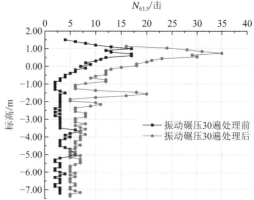

图 4.7-15　5-D11 试验点处理前后 DPT 试验位置
标高与试验击数曲线（振动碾压 30 遍）

图 4.7-16　5-D12 试验点处理前后 DPT 试验位置
标高与试验击数曲线（振动碾压 30 遍）

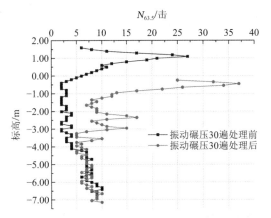

图 4.7-17　5-D13 试验点处理前后 DPT 试验位置
标高与试验击数曲线（振动碾压 30 遍）

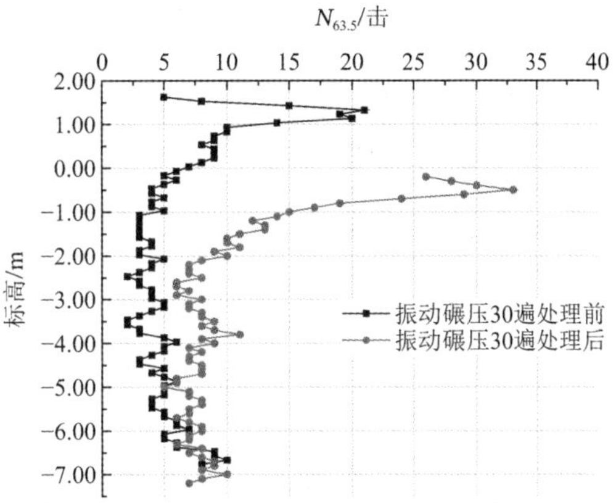

图 4.7-18　5-D14 试验点处理前后 DPT 试验位置
标高与试验击数曲线（振动碾压 30 遍）

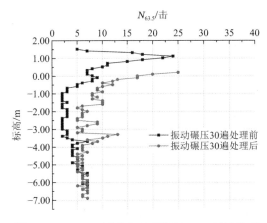
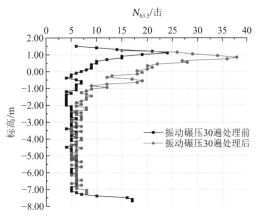

图 4.7-19　5-D15 试验点处理前后 DPT 试验位置
标高与试验击数曲线（振动碾压 30 遍）

图 4.7-20　5-D16 试验点处理前后 DPT 试验位置
标高与试验击数曲线（振动碾压 30 遍）

试验区 V 振动碾压 40 遍处理前后试验点 5-D17～5-D24 的重型圆锥动力触探试验结果
见图 4.7-21～图 4.7-28。

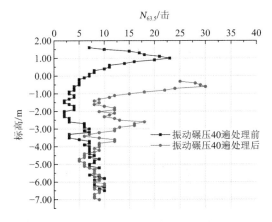
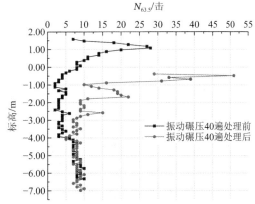

图 4.7-21　5-D17 试验点处理前后 DPT 试验位置
标高与试验击数曲线（振动碾压 40 遍）

图 4.7-22　5-D18 试验点处理前后 DPT 试验位置
标高与试验击数曲线（振动碾压 40 遍）

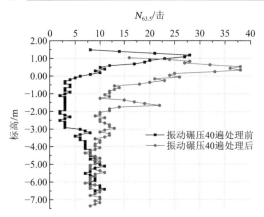

图 4.7-23　5-D19 试验点处理前后 DPT 试验位置标高与试验击数曲线（振动碾压 40 遍）

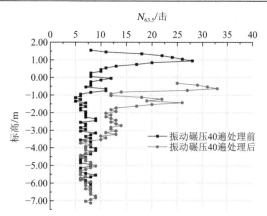

图 4.7-24　5-D20 试验点处理前后 DPT 试验位置标高与试验击数曲线（振动碾压 40 遍）

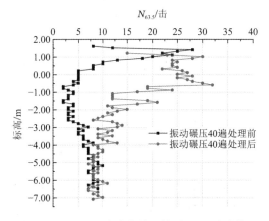

图 4.7-25　5-D21 试验点处理前后 DPT 试验位置标高与试验击数曲线（振动碾压 40 遍）

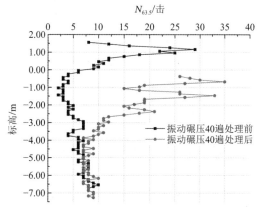

图 4.7-26　5-D22 试验点处理前后 DPT 试验位置标高与试验击数曲线（振动碾压 40 遍）

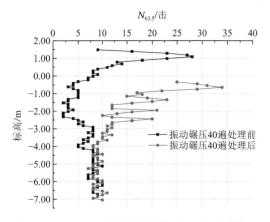

图 4.7-27　5-D23 试验点处理前后 DPT 试验位置标高与试验击数曲线（振动碾压 40 遍）

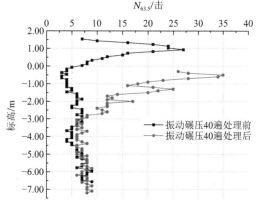

图 4.7-28　5-D24 试验点处理前后 DPT 试验位置标高与试验击数曲线（振动碾压 40 遍）

分析上述试验结果，可以得出：

（1）振动碾压处理的影响范围可达标高−4.00m 以下，地表至标高约−4.00m 范围内（厚度约 5.6m）珊瑚砂的处理效果显著。

（2）振动碾压20遍、30遍和40遍，碾压遍数的增加对振动碾压处理的影响深度的增加不显著。

（3）振动碾压处理后的DPT试验击数均大于5击。

4.7.3 平板载荷试验

试验区Ⅴ平板载荷试验试验点分布见图4.7-29。

试验区Ⅴ平板载荷试验成果见表4.7-2、表4.7-3，各试验点的P-s曲线见图4.7-30，各试验点变形模量E_0见图4.7-31。

分析上述试验结果，可以得出：

（1）按安全系数$K=3$，振动碾压处理后珊瑚砂地基承载力$f_{ak} \geqslant 200$kPa，满足设计要求。

（2）相比地基处理前，振动碾压处理后变形模量E_0均大幅度提高，且主要集中分布在50～70MPa范围内。

（3）碾压遍数的增加对地基承载力f_{ak}和变形模量E_0的影响不显著。

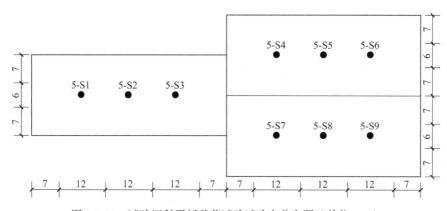

图4.7-29 试验区Ⅴ平板载荷试验试验点分布图（单位：m）

试验区Ⅴ平板载荷试验成果 表4.7-2

地基处理工况	试验点编号	试验点标高/m	最大加载压力 P/kPa	最大沉降量 s/mm	地基承载力特征值f_{ak}/kPa	变形模量 E_0/MPa
振动碾压20遍 洒海水	5-S1	1.20	600	4.50	200	53.2
	5-S2	1.43	600	3.84	200	59.2
	5-S3	1.39	600	4.63	200	54.0
振动碾压30遍 洒海水	5-S4	1.35	600	5.02	200	46.8
	5-S5	1.15	600	4.46	200	66.1
	5-S6	1.30	600	3.23	200	69.2
振动碾压40遍 洒海水	5-S7	1.23	600	3.68	200	54.4
	5-S8	1.16	600	3.25	200	77.9
	5-S9	1.24	600	4.55	200	61.2

注：地基承载力按安全系数$K=3$确定。

试验区Ⅴ变形模量E_0统计结果（单位：MPa）　　　　表 4.7-3

地基处理工况			样本数	平均值	最大值	最小值
振动碾压	20 遍	洒海水	3	55.5	59.2	53.2
	30 遍		3	60.7	69.2	46.8
	40 遍		3	64.5	77.9	54.4

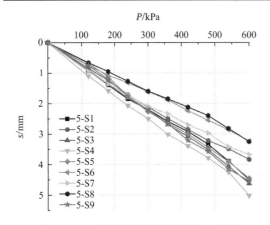

图 4.7-30　试验区Ⅴ各试验点的$P\text{-}s$曲线　　　图 4.7-31　试验区Ⅴ各试验点变形模量E_0散点图

4.7.4　道基反应模量试验

试验区Ⅴ道基反应模量试验试验点分布见图 4.7-32。

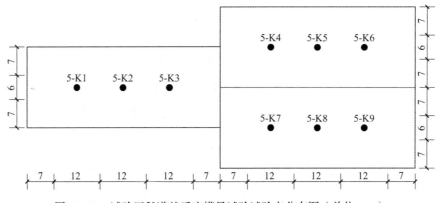

图 4.7-32　试验区Ⅴ道基反应模量试验试验点分布图（单位：m）

试验区Ⅴ道基反应模量试验成果见表 4.7-4、表 4.7-5 和图 4.7-33、图 4.7-34。

试验区Ⅴ道基反应模量试验成果　　　　表 4.7-4

地基处理工况	试验点编号	试验点标高/m	道基反应模量K_u /（MN/m³）	不利季节道基反应模量修正系数（d/d_u）	不利季节道基反应模量K_0 /（MN/m³）
振动碾压 20 遍洒海水	5-K1	1.16	92.1	85.9	79.1
	5-K2	1.42	87.4	79.2	69.2
	5-K3	1.39	105.5	95.7	100.9

地基处理工况	试验点编号	试验点标高/m	道基反应模量K_u /（MN/m³）	不利季节道基反应 模量修正系数 （d/d_u）	不利季节道基反应 模量K_0 /（MN/m³）
振动碾压 30 遍 洒海水	5-K4	1.35	97.6	83.8	81.9
	5-K5	1.14	119.7	89.9	107.6
	5-K6	1.25	132.3	96.0	127.0
振动碾压 40 遍 洒海水	5-K7	1.28	87.4	83.1	72.6
	5-K8	1.16	157.5	93.8	147.7
	5-K9	1.23	81.1	90.5	73.4

注：不利季节道基反应模量修正系数是根据饱和试样在 0.07MPa 下的压缩量试验结果统计得出。

试验区 V 道基反应模量 K_u 统计结果（单位：MN/m³）　　　　表 4.7-5

地基处理工况			样本数	平均值	最大值	最小值
振动碾压	20 遍	洒海水	3	95.0	105.5	87.4
	30 遍		3	116.5	132.3	97.6
	40 遍		3	108.7	157.5	81.1

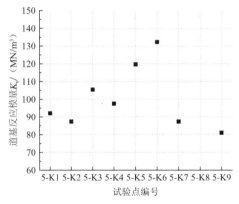

图 4.7-33　试验区 V 各试验点道基反应模量K_u
散点图

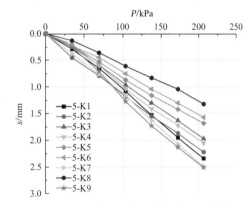

图 4.7-34　试验区 V 各试验点道基反应模量
试验的P-s曲线

分析上述试验结果，可以得出：

（1）相比地基处理前，振动碾压处理后道基反应模量K_u均大幅度提高。

（2）振动碾压处理后的道基反应模量K_u主要集中分布在 80～120MN/m³ 范围内，均大于 55MN/m³，满足设计要求。

（3）对比试验区 Ⅱ 的试验结果，采用 26t 振动碾压设备和 36t 振动碾压设备处理后的道基反应模量K_u相近。

（4）碾压遍数的增加对道基反应模量K_u的影响不显著。

4.7.5　加州承载比试验

试验区 V 加州承载比试验试验点分布见图 4.7-35。

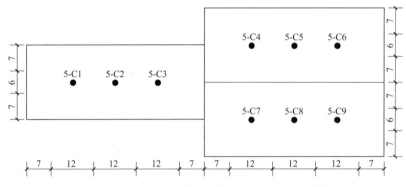

图 4.7-35　试验区 V 加州承载比试验试验点分布图（单位：m）

试验区 V 加州承载比试验成果见表 4.7-6、表 4.7-7 和图 4.7-36、图 4.7-37。

试验区 V 加州承载比试验成果　　　　　　　　　　　表 4.7-6

地基处理工况	试验点编号	试验点标高/m	CBR/%	贯入量/mm	含水率w/%	干密度ρ_d/（g/cm³）
振动碾压 20 遍 洒海水	5-C1	1.16	33.0	2.5	11.40	1.81
	5-C2	1.42	51.7	2.5	13.15	1.71
	5-C3	1.39	58.8	5.0	11.75	1.78
振动碾压 30 遍 洒海水	5-C4	1.35	42.8	5.0	9.75	1.77
	5-C5	1.14	54.4	5.0	8.85	1.81
	5-C6	1.25	58.0	5.0	9.15	1.86
振动碾压 40 遍 洒海水	5-C7	1.28	81.5	5.0	9.90	1.91
	5-C8	1.16	55.6	2.5	9.55	1.91
	5-C9	1.23	31.1	5.0	8.45	1.91

试验区 V 加州承载比统计结果（单位：%）　　　　　　表 4.7-7

地基处理工况			样本数	平均值	最大值	最小值
振动碾压	20 遍	洒海水	3	47.8	58.8	33.0
	30 遍		3	51.7	58.0	42.8
	40 遍		3	56.1	81.5	31.1

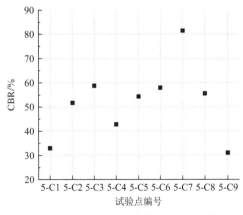

图 4.7-36　试验区 V 各试验点加州承载比
散点图

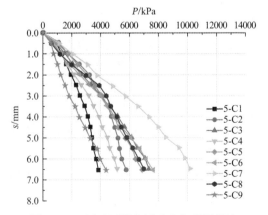

图 4.7-37　试验区 V 各试验点加州承载比
试验的 P-s 曲线

分析上述试验结果，可以得出：

（1）相比地基处理前，振动碾压处理后加州承载比 CBR 均大幅度提高。

（2）振动碾压处理后的加州承载比 CBR 主要集中分布在 30%～60%范围内，均大于 12%，满足设计要求。

（3）碾压遍数的增加对加州承载比 CBR 的影响不显著。

4.7.6　沉降监测

试验过程中进行了沉降监测，测定了振动碾压地基处理施工期间的地表沉降量。地基处理完成后的工后长期沉降监测结果见第 6 章。

试验区 V 沉降监测点分布见图 4.7-38，其中 SD 表示地表沉降监测点，DD 表示分层沉降监测点，分层沉降监测点的分层深度间隔为 1.0m。

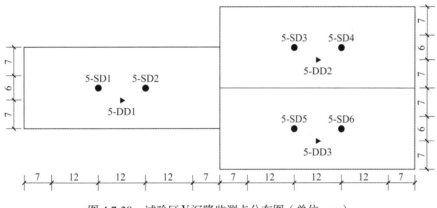

图 4.7-38　试验区 V 沉降监测点分布图（单位：m）

试验区 V 地表沉降监测成果见图 4.7-39，分层沉降监测点 5-DD1 的监测成果见图 4.7-40～图 4.7-45，分层沉降监测点 5-DD2 的监测成果见图 4.7-46～图 4.7-52，分层沉降监测点 5-DD3 的监测成果见图 4.7-53～图 4.7-58。

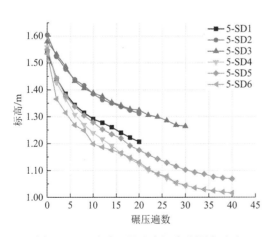

图 4.7-39　试验区 V 地表沉降监测点地表
标高-碾压遍数曲线

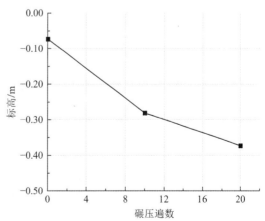

图 4.7-40　试验区 V 分层沉降监测点
标高-碾压遍数曲线（5-DD1-1）

135

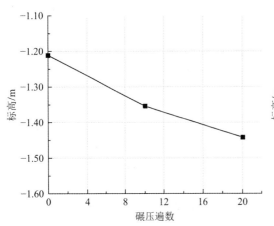

图 4.7-41　试验区 V 分层沉降监测点
标高-碾压遍数曲线（5-DD1-2）

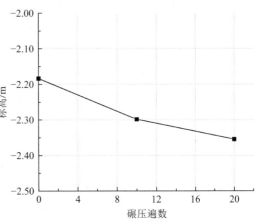

图 4.7-42　试验区 V 分层沉降监测点
标高-碾压遍数曲线（5-DD1-3）

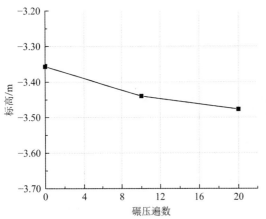

图 4.7-43　试验区 V 分层沉降监测点
标高-碾压遍数曲线（5-DD1-4）

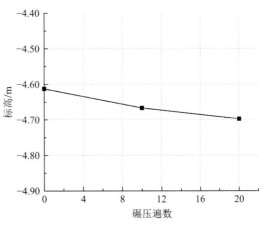

图 4.7-44　试验区 V 分层沉降监测点
标高-碾压遍数曲线（5-DD1-5）

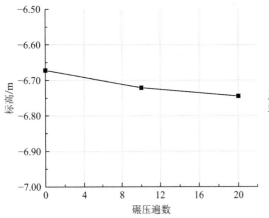

图 4.7-45　试验区 V 分层沉降监测点
标高-碾压遍数曲线（5-DD1-6）

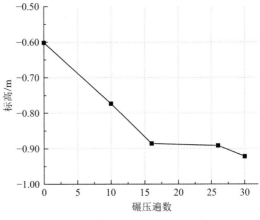

图 4.7-46　试验区 V 分层沉降监测点
标高-碾压遍数曲线（5-DD2-1）

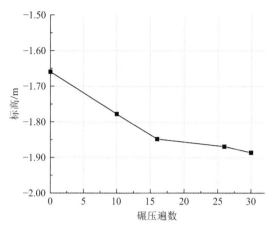

图 4.7-47　试验区 V 分层沉降监测点
标高-碾压遍数曲线（5-DD2-2）

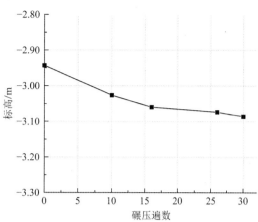

图 4.7-48　试验区 V 分层沉降监测点
标高-碾压遍数曲线（5-DD2-3）

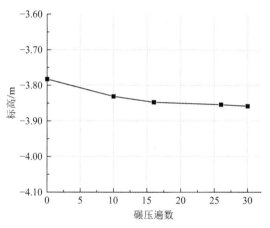

图 4.7-49　试验区 V 分层沉降监测点
标高-碾压遍数曲线（5-DD2-4）

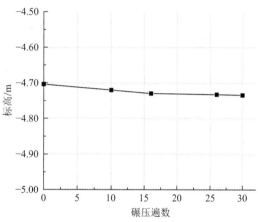

图 4.7-50　试验区 V 分层沉降监测点
标高-碾压遍数曲线（5-DD2-5）

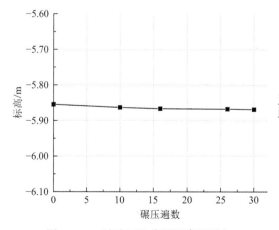

图 4.7-51　试验区 V 分层沉降监测点
标高-碾压遍数曲线（5-DD2-6）

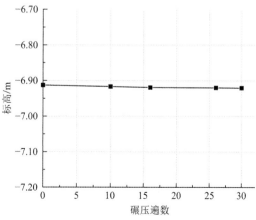

图 4.7-52　试验区 V 分层沉降监测点
标高-碾压遍数曲线（5-DD2-7）

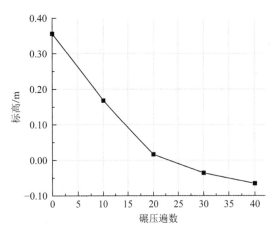

图 4.7-53　试验区 V 分层沉降监测点
标高-碾压遍数曲线（5-DD3-1）

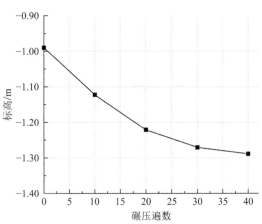

图 4.7-54　试验区 V 分层沉降监测点
标高-碾压遍数曲线（5-DD3-2）

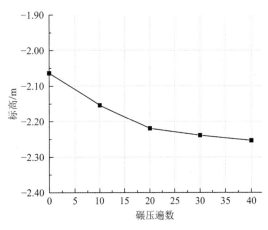

图 4.7-55　试验区 V 分层沉降监测点
标高-碾压遍数曲线（5-DD3-3）

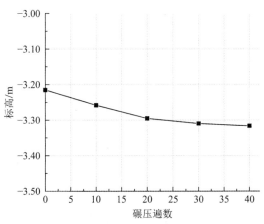

图 4.7-56　试验区 V 分层沉降监测点
标高-碾压遍数曲线（5-DD3-4）

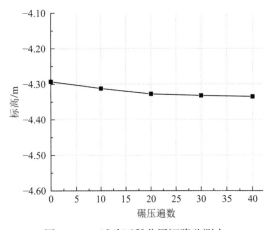

图 4.7-57　试验区 V 分层沉降监测点
标高-碾压遍数曲线（5-DD3-5）

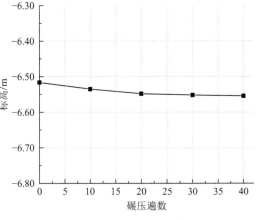

图 4.7-58　试验区 V 分层沉降监测点
标高-碾压遍数曲线（5-DD3-6）

试验区Ⅴ振动碾压处理后地表沉降量见表 4.7-8。

试验区Ⅴ振动碾压处理后地表沉降量一览表　　　　表 4.7-8

试验区	碾压遍数	地表沉降量s/mm
Ⅴ	20	403.49
	30	489.02
	40	532.67

分析试验过程中的沉降监测结果，可以得出：

（1）地表沉降量随着碾压遍数的增加而增大，说明增加碾压遍数有利于消除更多的沉降量。

（2）根据图 4.7-39，振动碾压 36 遍时，曲线的斜率明显减小，说明振动碾压 36 遍后沉降趋于稳定。

（3）根据分层沉降监测数据，说明振动碾压处理影响范围大于标高−4.00m 位置，即处理深度大于 5.6m。

4.7.7　颗粒分析试验

为了分析判断振动碾压地基处理过程中珊瑚砂是否有破碎，试验过程中在地基处理前、振动碾压过程中和振动碾压后采用筛析法对珊瑚砂进行了颗粒分析试验。

试验方法主要过程如下：振动碾压处理前，取一定量的珊瑚砂样品采用筛析法进行了颗粒分析试验；试验后将珊瑚砂样品用布包包好，埋入待碾压处理的珊瑚砂地层中；达到预定的碾压遍数后挖出布包，对珊瑚砂样品再次采用筛析法进行了颗粒分析试验；试验后将珊瑚砂样品用布包包好，埋入待继续碾压的珊瑚砂地层中，直至振动碾压完成后，挖出布包，对珊瑚砂样品再次采用筛析法进行了颗粒分析试验。

试验区Ⅴ颗粒分析试验试验点分布见图 4.7-59。

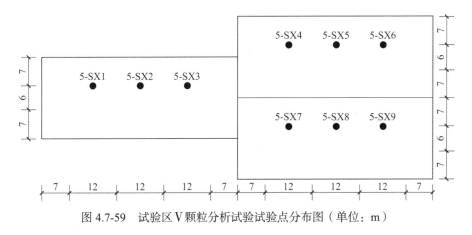

图 4.7-59　试验区Ⅴ颗粒分析试验试验点分布图（单位：m）

试验区Ⅴ颗粒分析试验成果见图 4.7-60～图 4.7-68。

分析上述试验结果可以看出，振动碾压处理前后的珊瑚砂粒径分布基本一致，说明振动碾压处理对珊瑚砂颗粒的破碎作用很小。

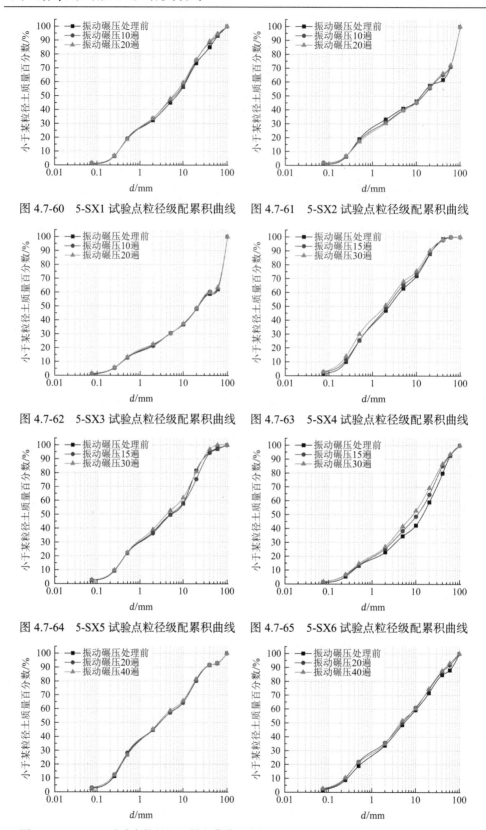

图 4.7-60　5-SX1 试验点粒径级配累积曲线　　图 4.7-61　5-SX2 试验点粒径级配累积曲线

图 4.7-62　5-SX3 试验点粒径级配累积曲线　　图 4.7-63　5-SX4 试验点粒径级配累积曲线

图 4.7-64　5-SX5 试验点粒径级配累积曲线　　图 4.7-65　5-SX6 试验点粒径级配累积曲线

图 4.7-66　5-SX7 试验点粒径级配累积曲线　　图 4.7-67　5-SX8 试验点粒径级配累积曲线

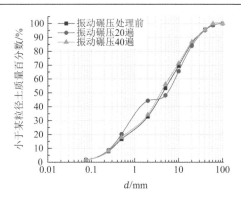

图 4.7-68　5-SX9 试验点粒径级配累积曲线

4.7.8　振动测试

为了测试振动碾压处理施工时振动作用沿地表水平方向和深度方向的衰减特性，在试验区 V 开展了振动测试。

振动测试分别采用 26t 和 36t 振动碾压设备作为振源，测试仪器采用网络分布式采集分析仪 I NV-306A，三分量低频振动传感器型号为 941B。

地表水平方向振动测试在未振动碾压处理区、振动碾压处理 20 遍区、振动碾压处理 30 遍区和振动碾压处理 40 遍区地表各布设 1 条测线，沿测线方向按照 5.0m、5.0m、5.0m、10.0m、10.0m 间距布设 6 只低频三分量振动传感器，碾压设备振动点沿测线方向距离第 1 只传感器分别为 1.0m、5.0m、10.0m、20m、30.0m 和 35.0m，见图 4.7-69。

深度方向振动测试在振动碾压处理 40 遍区分别在地表以下 0.5m、1.25m、3.0m、4.85m、7.5m、9.5m 处埋设 1 只低频三分量振动传感器，碾压设备振动点与 1 号传感器水平距离约 0.5～1.0m，见图 4.7-70 和表 4.7-9。

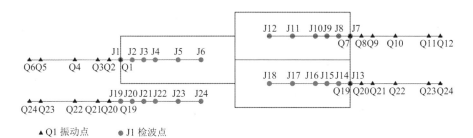

图 4.7-69　试验区 V 地表水平方向振动测试测线及测点布置图

深度方向振动测试传感器布置参数　　　　　　　　　　　　表 4.7-9

传感器编号	距地面深度/m	标高/m	备注
1 号	0.50	0.84	地表
2 号	1.25	0.09	水面附近
3 号	3.00	−1.66	—
4 号	4.85	−3.51	—
5 号	7.50	−6.16	—
6 号	9.50	−8.16	

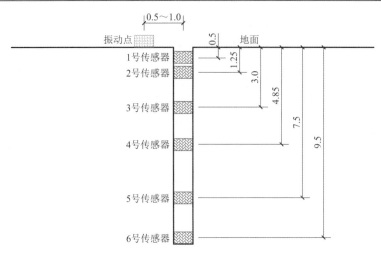

图 4.7-70　试验区V深度方向振动测试传感器布置图

现场振动测试情况见图 4.7-71、图 4.7-72。

(a) 传感器布置　　　　　　　　(b) 碾压振动点

图 4.7-71　地表水平方向振动测试现场

(a) 振动设备及传感器布置　　　　　(b) 传感器布置

图 4.7-72　深度方向振动测试现场

试验区 V 地表水平方向振动测试成果见图 4.7-73～图 4.7-76。

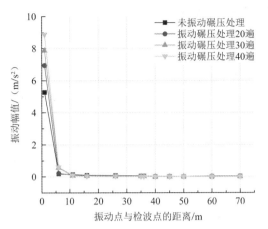

图 4.7-73　水平方向振动幅值衰减曲线
（36t 碾压设备）

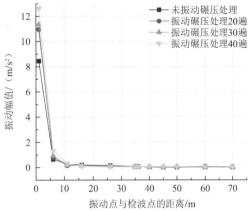

图 4.7-74　竖直方向振动幅值衰减曲线
（36t 碾压设备）

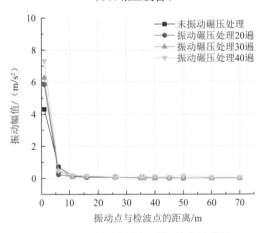

图 4.7-75　水平方向振动幅值衰减曲线
（26t 碾压设备）

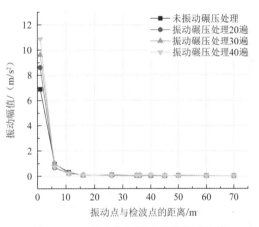

图 4.7-76　竖直方向振动幅值衰减曲线
（26t 碾压设备）

试验区 V 深度方向振动测试成果见图 4.7-77。

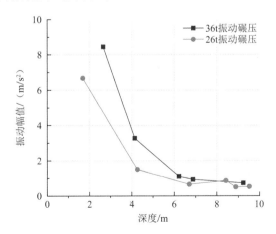

图 4.7-77　振动幅值沿深度方向衰减曲线

分析上述测试成果，可以得出：

（1）沿地表水平方向，26t 和 36t 振动碾压的绝大多数振动约在 6.0m 距离内衰减完毕，振动幅值衰减至 10%以下，说明振动碾压处理的水平影响范围约 6.0m，且与振动碾压设备重量相关性弱。

（2）沿深度方向，26t 振动碾压的绝大多数振动约在 6.7m 深度内衰减完毕，振动幅值衰减至 9.9%；36t 振动碾压的绝大多数振动约在 8.8m 深度内衰减完毕，振动幅值衰减至 8.6%；振动幅值的衰减深度范围，在一定程度上也反映出了振动碾压处理的影响深度范围，从侧面说明振动碾压的影响深度可达到 6.0～8.0m。

4.7.9 试验结论

根据区域 C 地基处理试验前后原位试验和沉降监测成果的对比分析，综合得出初步结论如下：

（1）36t 振动碾压处理的影响深度大于 5.6m。

（2）振动碾压处理后珊瑚砂地基承载力、道基反应模量和加州承载比均能满足设计要求。

（3）碾压遍数与地表沉降量呈正相关，与振动碾压处理影响深度、地基承载力、道基反应模量、加州承载比等无显著相关性。

（4）振动碾压处理后，珊瑚砂干密度基本能达到 1.60g/cm^3，DPT 试验击数均大于 5 击。

（5）振动碾压处理对珊瑚砂颗粒的破碎作用很小。

（6）振动碾压能量在地表水平方向 6.0m 范围内基本衰减完毕，在深度方向 8.0m 范围内基本衰减完毕。

4.8 地基处理试验结论

通过在 A、B、C 3 个区域内开展的 5 个试验区试验，综合分析得出：

（1）26t、36t 振动碾压的地基处理效果优于 12t 冲击碾压，处理深度大于 4.0m。

（2）区域 A 和区域 B 的振动碾压地基处理施工工艺参数为采用 26t 振动碾压设备，碾压遍数不少于 24 遍，每碾压 4 遍洒水 1 遍；区域 C 的振动碾压地基处理施工工艺参数为采用 36t 振动碾压设备，碾压遍数不少于 36 遍，每碾压 4 遍洒水 1 遍。

（3）振动碾压地基处理效果可采用现场密度试验、重型圆锥动力触探试验、道基反应模量试验和加州承载比试验进行检测。

（4）现场密度试验的检测标准为干密度不小于 1.60g/cm^3，可采用大体积法和无核密度仪法。

（5）重型圆锥动力触探试验的检测标准为连续 DPT 击数不小于 5 击，连续 DPT 击数小于 5 击的情况不多于 2 次。区域 A 和区域 B 的检测深度为 5.0m，区域 C 的检测深度为 6.0m。

（6）道基反应模量试验的检测标准为水泥混凝土道面区域道基反应模量不小于 55MN/m^3。

（7）加州承载比试验的检测标准为沥青混凝土道面区域加州承载比不小于 12%。

参 考 文 献

[1]　杨召唤, 程国勇. 机场柔性道面地基工作区深度研究[J]. 公路交通科技, 2013, 30(10): 11-17, 43.

[2]　董倩. 基于飞机滑行刚性道面位移场的跑道承载力研究[D]. 天津: 中国民航大学, 2013.

[3]　王笃礼, 黎良杰, 曹亮, 等. 维拉纳国际机场改扩建项目飞行区地基处理小区试验报告(Ⅰ～Ⅳ区)[R]. 北京: 中航勘察设计研究院有限公司, 2017.

[4]　王笃礼, 黎良杰, 曹亮, 等. 维拉纳国际机场改扩建项目飞行区地基处理小区试验报告(Ⅴ区)[R]. 北京: 中航勘察设计研究院有限公司, 2017.

[5]　王笃礼, 李建光, 肖国华, 等. 机场跑道珊瑚砂吹填地基处理及变形控制技术研究与应用[R]. 北京: 中航勘察设计研究院有限公司, 2018.

第5章

吹填珊瑚砂场地道基沉降计算

珊瑚砂具有独特的单粒支撑结构，颗粒间具有点接触、线接触、架空、咬合、镶嵌等多种不均匀接触关系，因此颗粒间的摩擦力较大，颗粒不易发生运动。但随着时间增长，珊瑚砂在外界因素影响下仍然会继续向更为稳定的状态移动，表现出的特性就是蠕变变形。影响珊瑚砂长期沉降变形特性的主要因素有颗粒结构、密实程度、外界压力及外部环境的振动等。本工程分析了珊瑚砂道基沉降变形的分类和工后沉降的组成，提出了珊瑚砂地基沉降计算方法。

5.1 沉降的组成

在荷载作用下，地基土体发生变形，地面产生沉降。按变形机理，总沉降s可以分成三部分（图5.1-1）：初始压缩沉降s_d、主固结沉降s_c和蠕变沉降s_s，可表达为：

$$s = s_d + s_c + s_s \tag{5.1-1}$$

初始压缩沉降s_d是由土体在附加应力作用下产生的瞬时变形引起的。初始压缩沉降是由土体偏斜变形引起的，与地基土的侧向变形密切相关。由于地基加载面积为有限尺寸，在宽广的地基上加载后地基中会有剪应变产生，特别是在靠近基础边缘应力集中部位。对于饱和或接近饱和的黏性土，加载瞬间土中孔隙水来不及排出，在不排水和体积不变状况下，侧向挤出变形几乎在加载的瞬时发生。

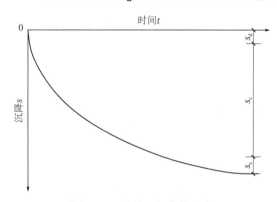

图 5.1-1　地基土沉降的组成

主固结沉降s_c是土体在附加应力作用下产生固结变形引起的。土体固结变形可采用固结理论计算。固结变形持续时间较长，与地基土层厚度、排水条件和土体固结系数有关。对于饱和或接近饱和的黏性土，在荷载作用下，随着超静孔隙水压力的消散，土骨架产生变形，发生固结压密。主固结沉降速率取决于孔隙水的排出速率。

蠕变沉降s_s是主固结沉降过程（超静孔隙水压力消散过程）结束后，在有效应力不变的情况下，土骨架仍随时间继续发生变形。蠕变沉降速率与孔隙水排出的速率无关，而是取决于土骨架本身的蠕变性质。

从时间角度考虑，上述三部分沉降实际上并非在不同时刻截然分开的。初始压缩沉降并不是物理上的瞬时沉降，也需要一定的时间过程。主固结沉降，特别是邻近排水面的土体固结，几乎也是瞬时发生的。蠕变沉降实际上在固结过程一开始就产生了，只不过数量相对很小，主要沉降量是主固结沉降；但在超静孔隙水压力消散殆尽时，主固结沉降基本完成，蠕变沉降越来越显著，逐渐成为沉降增量的主要部分。

初始压缩沉降通常采用弹性理论法计算，主固结沉降多采用一维固结压缩法或分层总和法计算，蠕变沉降经常采用结合室内压缩试验的半经验方法估算。

5.2　沉降计算方法

5.2.1　弹性理论法

弹性理论法的假设条件为将地基视为半无限各向同性弹性体[1]。

在集中荷载P作用下，半无限弹性体中（图 5.2-1）点 A(x, y, z)处的竖向应变ε_z表达式为：

$$\varepsilon_z = \frac{1}{E}\left[\sigma_z - \mu(\sigma_x + \sigma_y)\right] \tag{5.2-1}$$

式中：E——土体变形模量；

$\quad\quad\mu$——土体泊松比。

上式中点 A 处应力σ_x、σ_y和σ_z采用 Boussinesq 解，地面上某点$(x, y, 0)$处的竖向位移（即沉降）可通过积分得到：

$$s = \int \varepsilon_z \, \mathrm{d}z = \frac{P(1 - u^2)}{\pi E \sqrt{x^2 + y^2}} \tag{5.2-2}$$

1. 均布柔性圆形荷载作用

在半无限弹性体上，作用有均布柔性圆形荷载（图 5.2-2），荷载大小为p，荷载作用区半径为b，直径为$B = 2b$。

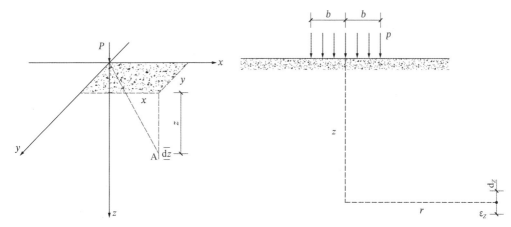

图 5.2-1　集中荷载作用下地基中竖向应变　　图 5.2-2　圆形均布荷载作用下地基中竖向应变

通过积分可得地基中土体竖向位移表达式为：

$$s = \frac{pb(1+\mu)}{E}\left[\frac{z}{b}I_2 + (1-\mu)I_1\right] \tag{5.2-3}$$

式中：I_1 和 I_2——沉降影响系数，与 $\frac{z}{b}$ 值和 $\frac{z}{r}$ 值有关，$r = \sqrt{x^2 + y^2}$。

$r = 0$ 时，沉降影响系数 I_1 和 I_2 见表 5.2-1；$z = 0$ 时，沉降影响系数 I_1 见表 5.2-2。

$r = 0$ 时沉降影响系数 I_1 和 I_2 表 5.2-1

z/b	0	0.1	0.2	0.3	0.4	0.5	0.6	0.8	1.0	1.2
I_1	2.000	1.810	1.640	1.488	1.354	1.236	1.132	0.961	0.828	0.724
I_2	1.000	0.901	0.804	0.713	0.629	0.553	0.486	0.375	0.293	0.232
z/b	1.5	2.0	2.5	3.0	4.0	5.0	6.0	7.0	8.0	9.0
I_1	0.606	0.472	0.385	0.324	0.246	0.198	0.165	0.142	0.124	0.110
I_2	0.168	0.106	0.072	0.051	0.030	0.019	0.014	0.010	0.008	0.006

$z = 0$ 时沉降影响系数 I_1 表 5.2-2

r/b	0	0.2	0.4	0.6	0.8	1.0	1.5	2.0	4.0	8.0	12.0
I_1	2.000	1.980	1.918	1.806	1.626	1.273	0.712	0.517	0.252	0.125	0.083

根据式(5.2-3)，得到均布柔性圆形荷载作用下地面（$z = 0$）的沉降表达式：

$$s = \frac{pb(1-u^2)}{E}I_1 \tag{5.2-4}$$

式中：I_1——沉降影响系数，与 $\frac{r}{b}$ 值有关，见表 5.2-2，$r = \sqrt{x^2 + y^2}$。

对饱和软黏土地基，在不排水条件下，$\mu = 0.5$，得到均布柔性圆形荷载中心点的地面沉降表达式：

$$s_{中心} = 1.5\frac{pb}{E} = 0.75\frac{pB}{E} \tag{5.2-5}$$

均布柔性圆形荷载边缘处的地面沉降表达式：

$$s_{边} = 0.95\frac{pb}{E} = 0.475\frac{pB}{E} \tag{5.2-6}$$

荷载作用区平均沉降的表达式：

$$s_{平均} = 0.85s_{中心} = 1.275\frac{pb}{E} = 0.6375\frac{pB}{E} \tag{5.2-7}$$

2. 均布柔性矩形荷载作用

在半无限弹性体上，作用有均布柔性矩形荷载，荷载大小为 p，荷载作用面积为 $L \times B$。在荷载作用下，荷载作用面角点下，深度为 z 处的竖向位移表达式：

$$s_{角点,z} = \frac{pb}{2E}(1-\mu^2)\left[I_3 - \frac{(1-2\mu)}{(1-\mu)}I_4\right] \tag{5.2-8}$$

式中：

$$I_3 = \frac{1}{\pi}\left[\ln\left(\frac{\sqrt{1+m_1^2+n_1^2}+m_1}{\sqrt{1+m_1^2+n_1^2}-m_1}\right) + m\ln\left(\frac{\sqrt{1+m_1^2+n_1^2}+1}{\sqrt{1+m_1^2+n_1^2}-1}\right)\right] \tag{5.2-9}$$

$$I_4 = \frac{n_1}{\pi} \tan^{-1} \left(\frac{m_1}{n_1 \sqrt{1 + m_1^2 + n_1^2}} \right) \tag{5.2-10}$$

$$m_1 = \frac{L}{B} \tag{5.2-11}$$

$$n_1 = \frac{z}{B} \tag{5.2-12}$$

荷载作用面角点处（$z = 0$）的沉降表达式：

$$s_{角点} = \frac{pB}{2E}(1 - \mu^2)I_3 \tag{5.2-13}$$

荷载作用面中心处沉降可用叠加法，由角点处沉降表达式得到，即：

$$s_{中心} = 4 \left[\frac{p(B/2)}{2E(1 - \mu^2)I_3} \right] = \frac{pB}{E(1 - \mu^2)I_3} \tag{5.2-14}$$

荷载作用区平均沉降的表达式：

$$s_{平均} = 0.848 s_{中心} = 0.848 \frac{pB}{E}(1 - \mu^2)I_3 \tag{5.2-15}$$

$z = 0$ 时，沉降影响系数 I_3 的值见表 5.2-3。

$z = 0$ 时沉降影响系数 I_3　　　　　　　　　　表 5.2-3

m_1	1.0	1.5	2.0	3.0	5.0	7.0	10.0	15.0	20.0	30.0	50.0	100.0
I_3	1.122	1.358	1.532	1.783	2.105	2.318	2.544	2.802	2.985	3.243	3.568	4.010

3. 有限厚度弹性土层上作用有柔性荷载

有限厚度弹性土层上作用有柔性荷载时（图 5.2-3），荷载大小为 p，有限厚度弹性土层厚度为 H，下卧层为不可压缩层，地面沉降的表达式近似为：

$$s = \int_0^\infty \varepsilon_z \, \mathrm{d}z - \int_H^\infty \varepsilon_z \, \mathrm{d}z = s_{z=0} - s_{z=H} \tag{5.2-16}$$

式中：$s_{z=0}$——半无限空间弹性体 $z = 0$ 处的沉降；

$s_{z=H}$——半无限空间弹性体 $z = H$ 处的沉降。

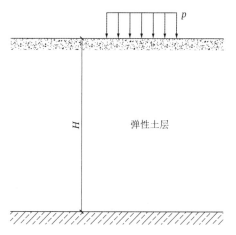

图 5.2-3　有限厚度弹性地基

弹性理论法常用于砂土地基沉降计算，在荷载作用下砂土地基的沉降很快完成，与软黏土地基比较，其沉降值也较小。在应用弹性理论法计算沉降时，弹性参数通常根据土体的类别和密实度来选用。砂土的弹性参数可见表5.2-4。

砂土弹性参数参考值 表5.2-4

土类	泊松比μ	杨氏模量E/MPa		
		$e = 0.41 \sim 0.50$	$e = 0.50 \sim 0.60$	$e = 0.60 \sim 0.70$
粗砂	0.15	45.2	39.3	32.4
中砂	0.20	45.2	39.3	32.4
细砂	0.25	36.6	27.6	23.5
粉砂	$0.30 \sim 0.35$	13.8	11.7	10.0

弹性理论法也应用于饱和软黏土地基排水条件下的地基总沉降计算。此时，土体弹性参数E和μ应采用三轴固结排水压缩试验（CD试验）测定。

5.2.2　一维固结压缩法

为了计算一维固结沉降，就需要先计算体积压缩系数m_v或压缩指数C_c。

体积压缩系数m_v，是土体在无侧向变形条件下体积应变增量与有效应力增量的比值，其数值等于压缩模量的倒数，单位为 MPa^{-1}。土体的体积应变增量可以用孔隙比或土体厚度来表示。若有效应力从σ_0'增加到σ_1'，孔隙比从e_0减少到e_1，则：

$$m_v = \frac{1}{1 + e_0}\left(\frac{e_0 - e_1}{\sigma_1' - \sigma_0'}\right) \tag{5.2-17}$$

$$m_v = \frac{1}{H_0\left(\frac{H_0 - H_1}{\sigma_1' - \sigma_0'}\right)} \tag{5.2-18}$$

体积压缩系数并不是常数，随土体有效应力大小而变化。大多数试验标准通常采用土体取样深度处的有效应力$\sigma_0' = \sigma_z'$和$\sigma_0' = \sigma_z' + 100\text{kPa}$ 所得的体积压缩系数来反映土的压缩性[2]。

压缩指数C_c是$e\text{-}\lg\sigma'$曲线直线段的斜率（图5.2-4），是无量纲数。对于$e\text{-}\lg\sigma'$曲线上的任意两点之间的斜率，

$$C_c = \frac{e_0 - e_1}{\lg(\sigma_1'/\sigma_0')} \tag{5.2-19}$$

在厚度为H的饱和土层表面施加大面积连续均布荷载σ，则可近似认为侧向应变为零，仅产生竖向变形。在距离表面深度z处，厚度为$\text{d}z$的土层中，竖向应力增加了$\Delta\sigma$（图5.2-5），固结完成后，有效应力$\Delta\sigma'$将相应地等量增加，对应于$e\text{-}\sigma'$曲线上的有效应力从σ_0'增加到σ_1'，孔隙比从e_0减小到e_1（图5.2-6）。

单位体积土体减少的孔隙比可以表示为：

$$\frac{\Delta V}{V_0} = \frac{e_0 - e_1}{1 + e_0} \tag{5.2-20}$$

由于侧向应变为零，单位体积的体积变化量等于单位厚度的厚度变化量，即单位深度

的沉降量。因此，厚度为dz的土层沉降可表达为：

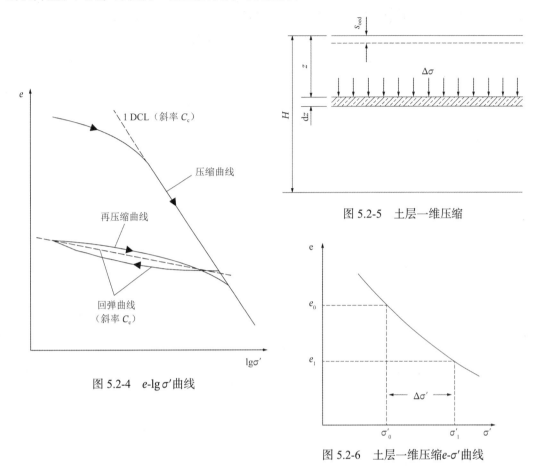

图 5.2-4　$e\text{-}\lg\sigma'$ 曲线

图 5.2-5　土层一维压缩

图 5.2-6　土层一维压缩 $e\text{-}\sigma'$ 曲线

$$ds_{\text{oed}} = \frac{e_0 - e_1}{1 + e_0}dz = \left(\frac{e_0 - e_1}{\sigma_1' - \sigma_0'}\right)\left(\frac{\sigma_1' - \sigma_0'}{1 + e_0}\right)dz = m_v\Delta\sigma'\,dz \tag{5.2-21}$$

式中：s_{oed}——一维固结沉降；

　　　m_v——体积压缩系数。

通过积分，厚度为H的土层沉降可表达为：

$$s_{\text{oed}} = \int_0^H m_v\Delta\sigma'\,dz \tag{5.2-22}$$

如果体积压缩系数m_v和有效应力$\Delta\sigma'$随深度而恒定，则：

$$s_{\text{oed}} = m_v\Delta\sigma'H \tag{5.2-23}$$

把式(5.2-17)代入式(5.2-23)，得出：

$$s_{\text{oed}} = \frac{e_0 - e_1}{1 + e_0}H \tag{5.2-24}$$

把式(5.2-19)代入式(5.2-23)，得出：

$$s_{\text{oed}} = \frac{C_c\lg(\sigma_1'/\sigma_0')}{1 + e_0}H \tag{5.2-25}$$

为了考虑体积压缩系数m_v和有效应力$\Delta\sigma'$随深度的变化，可以采用如图 5.2-7 所示的图形程序来计算s_{oed}。初始有效应力σ_0'和有效应力增量$\Delta\sigma'$，随土层深度的变化见图 5.2-7（a）所示，体积压缩系数m_v的变化见图 5.2-7（b）所示。图 5.2-7（c）中的曲线表示无量纲乘积$m_v\Delta\sigma'$随深度的变化，该曲线下的面积为土层的总沉降s_{oed}；也可将土层划分为若干子层，计算每个子层的中心深度处的无量纲乘积$m_v\Delta\sigma'$，再乘以子层的厚度，即可得到每个子层的沉降。整个土层的总沉降等于每个子层沉降的总和，即分层总和法。

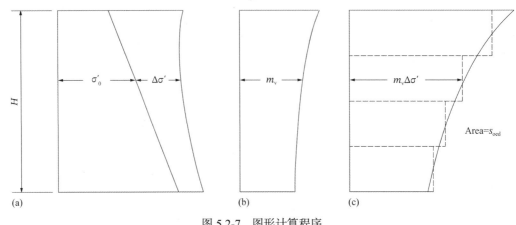

图 5.2-7　图形计算程序

5.2.3　蠕变沉降计算法

对于蠕变沉降，可以采用流变学理论、黏弹性模型或其他力学模型进行计算，但比较复杂，而且有关参数不易测定。因此，目前在生产中主要使用下述半经验的方法估算土层的蠕变沉降。

实际过程中，大部分土体的压缩过程如图 5.2-8 所示，蠕变沉降速率由土体结构变形的速率控制，而非主固结沉降阶段的达西定律控制。产生蠕变沉降的因素，主要包括土颗粒间的接触面滑动，孔隙水从土体微结构中排出，以及结合水与阳离子的重排列等。

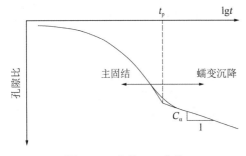

图 5.2-8　土的e-$\lg t$曲线

对于大多数土体，蠕变沉降期间的孔隙比e与时间对数$\lg t$之间呈线性关系。图 5.2-8 为室内压缩试验得出的孔隙比e与时间对数$\lg t$的关系曲线，取曲线反弯点前后两段曲线的切线的交点作为主固结沉降和蠕变沉降的分界点；假设相当于分界点的时间为t_p，蠕变沉降阶段（基本上是一条直线）的斜率反映土的蠕变沉降速率，一般用C_α表示，称为蠕变系数。

$$C_\alpha = -\mathrm{d}e/\mathrm{d}(\lg t) \tag{5.2-26}$$

蠕变系数C_α通常与压缩指数C_c有关，表 5.2-5 列出了许多不同土体的C_α/C_c值。其中，无机质黏土和粉土的C_α/C_c平均值为0.04 ± 0.01，有机质黏土的C_α/C_c平均值为0.05 ± 0.01，泥炭质土的C_α/C_c平均值为0.075 ± 0.01。砂土也有类似规律（图 5.2-9），C_α/C_c值在$0.015\sim0.03$的范围内[3]。

土的蠕变系数与压缩指数的比值　　　　　　　表 5.2-5

分类	土体类型	C_α/C_c
无机质黏土和粉土	Whangamarino clay	0.03～0.04
	Leda clay	0.025～0.06
	Soft blue clay	0.026
	Portland sensitive clay	0.025～0.055
	San Francisco Bay mud	0.04～0.06
	New Liskeard varved clay	0.03～0.06
	Silty clay C	0.032
	Near-shore clays and silts	0.055～0.075
	Mexico City clay	0.03～0.035
	Hudson River silt	0.03～0.06
有机质黏土和粉土	Norfolk organic silt	0.05
	Calcareous organic silt	0.035～0.06
	Postglacial organic clay	0.05～0.07
	Organic clays and silts	0.04～0.06
	New Haven organic clay silt	0.04～0.075
泥炭质土	Amorphous and fibrous peat	0.035～0.083
	Canadian muskeg	0.09～0.10
	Peat	0.075～0.085
	Peat	0.05～0.08
	Fibrous peat	0.06～0.085

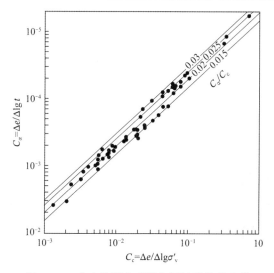

图 5.2-9　砂土的蠕变系数与压缩指数的比值

在厚度为H的饱和土层表面施加大面积连续均布荷载σ，假设侧向应变为零，仅产生竖向变形。根据式(5.2-26)，推导得出蠕变沉降s_s的表达式：

$$s_s = \frac{H}{1+e_0} C_\alpha \lg \frac{t}{t_p} \tag{5.2-27}$$

式中：e_0——土层的初始孔隙比；

　　　t_p——蠕变沉降起始时间；

　　　t——蠕变沉降计算时间。

5.3　珊瑚砂压缩变形特性研究

在实际工程中，珊瑚砂吹填地基主要由耙吸或绞吸吹填的珊瑚砂、珊瑚枝、礁灰岩碎块构成。受吹填料源、吹填方式、地基处理方式等因素影响，吹填材料颗粒大小不均、结构复杂、分布无规律，颗粒存在棱角和内孔隙，无确定的最优含水率和最大干密度。

如何较准确计算珊瑚砂吹填地基的沉降，是工程设计中的一个难点。在沉降计算时，采用传统的分层总和法是否适用，仍存在很多疑问。

目前，对于石英砂、黏性土的变形特性研究，已有较成熟的方法和结论[4-9]；对于珊瑚砂，大颗粒珊瑚砂在传统的土工室内实验室进行物理力学试验仍存在困难，其沉降变形计算仍待深入研究，而细颗粒珊瑚砂应用传统土工试验方法具有一定可行性。

因此，通过对细颗粒珊瑚砂与石英石、黏性土进行长期压缩试验，并对其压缩特征进行对比分析，确定细颗粒珊瑚砂地基沉降变形特征，为珊瑚砂沉降计算提供试验支撑是十分有必要的。

5.3.1　研究思路

珊瑚砂颗粒形状复杂，存在棱角和内孔隙，其长期压缩变形规律没有成熟经验，而石英砂、黏性土的长期压缩变形规律有较成熟的经验，因此在室内实验室将细颗粒珊瑚砂、石英砂、黏性土的长期压缩变形特征进行对比试验研究，找到三者的对比规律，通过石英砂、黏性土的成熟工程经验，确定细颗粒珊瑚砂压缩变形特征。

根据现行国家标准《土工试验方法标准》GB/T 50123[10]、《岩土工程试验监测手册》[11]，一般室内蠕变试验采用 1 万 min 试验时长，但考虑到珊瑚砂具有棱角和内孔隙等特征，本次试验采用 100 万 min 进行试验，为了确保试验精度，实验室要求恒温和恒湿。

图 5.3-1　试验仪器（三联固结仪）

5.3.2　试验过程

本次试验采用 4 组三联固结仪（图 5.3-1），环刀直径 79.8mm、高度 20mm。压缩试验的实验地点位于中航勘察设计研究院有限公司 10 号楼地下一层的土工实验室，实验室温度保持 16℃左右，湿度 34%左右。本次试验全程样品处于饱水状态。试验总计 695d，共 100.08 万 min。

试验样品的样品名称、来源地、初始干密度见表 5.3-1，石英砂样品 1、2、3 和珊瑚砂样品 7、8、9、10、11 颗分级配曲线和颗粒组成分别见图 5.3-2、图 5.3-3。

样品描述　　　　　　　　　　　　　　　表 5.3-1

序号	样品名称	样品来源地	仪器编号	初始干密度/（g/cm³）
1	石英砂	中国北京	55	1.42
2			56	1.42
3			57	1.42
4	黏性土	中国天津	58	1.85
5			59	1.85
6			60	1.85
7	珊瑚砂	马尔代夫机场岛	43	1.42
8			44	1.42
9			45	1.42
10			61	1.60
11			63	1.60
12	铁块	—	62	—

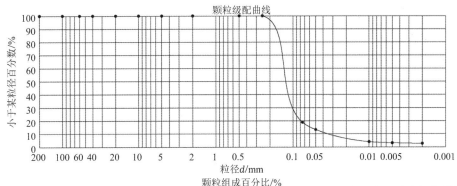

颗粒级配曲线

颗粒组成百分比/%

粒径/mm	>200	100～200	60～100	40～60	20～40	10～20	5～10	2～5	0.5～2	0.25～0.5	0.075～0.25	0.05～0.075	0.01～0.05	0.005～0.01	0.002～0.005	<0.002	d_{10}=0.028 d_{30}=0.088 d_{60}=0.138 C_u=4.89 C_c=2.01
含量											81.00	5.70	9.30	0.90	0.40	2.70	

图 5.3-2　石英砂颗粒级配曲线及颗粒组成

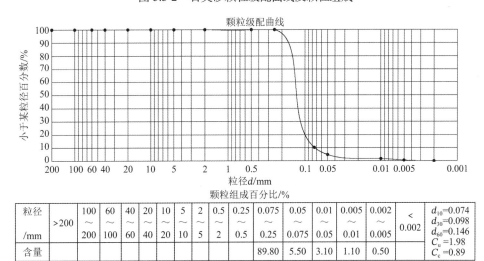

颗粒级配曲线

颗粒组成百分比/%

粒径/mm	>200	100～200	60～100	40～60	20～40	10～20	5～10	2～5	0.5～2	0.25～0.5	0.075～0.25	0.05～0.075	0.01～0.05	0.005～0.01	0.002～0.005	<0.002	d_{10}=0.074 d_{30}=0.098 d_{60}=0.146 C_u=1.98 C_c=0.89
含量											89.80	5.50	3.10	1.10	0.50		

图 5.3-3　珊瑚砂颗粒级配曲线及颗粒组成

黏性土样品 4、5、6 取自中国天津，液限 $w_L = 41.0\%$，塑限 $w_P = 22.8\%$，塑性指数 $I_P = 18.2$，初始含水率 $w_0 = 42\%$，初始液性指数 $I_L = 1.05$。

样品 12 为一块铁板，试验目的是检验固结仪长期工作中仪器变形。

样品 1、2、3、7、8、9、10、11、12 按 0、50kPa、100kPa、150kPa、200kPa 加荷，加荷到 200kPa 后持载。样品 4、5、6 按 0、50kPa、100kPa 加荷，加荷到 100kPa 后持载。

5.3.3　试验结果及分析

本次试验总计 695d，共 100.08 万 min。试验结束后，统计发现，试验在进行到 135d，即 19.44 万 min 后，试验数据几乎没有发生变化，可以认为试验到 135d 时试样完成了全部压缩变形。其中样品 12 铁块从试验开始到试验结束，试验数据没有发生变化。

本次试验结果仅统计蠕变试验开始至 19.44 万 min 的试验数据，见图 5.3-4～图 5.3-7。

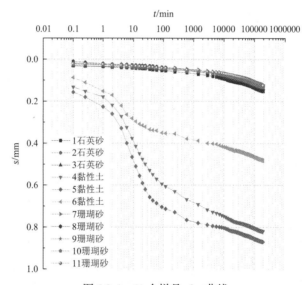

图 5.3-4　11 个样品 s-lg$t$ 曲线

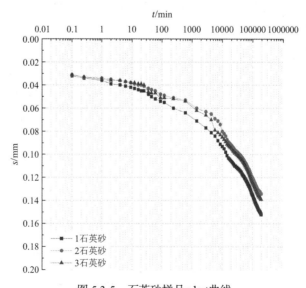

图 5.3-5　石英砂样品 s-lg$t$ 曲线

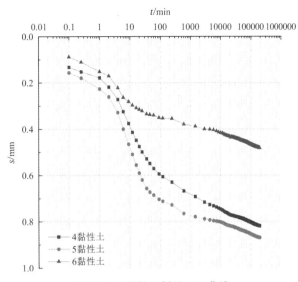

图 5.3-6　黏性土样品 s-lg t 曲线

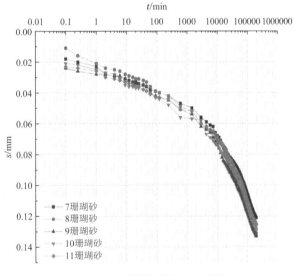

图 5.3-7　珊瑚砂样品 s-lg t 曲线

1. 黏性土试验成果分析

根据 CRAIG'SOIL MECHANICS（VER.8）[2]固结压缩曲线划分方法，固结压缩曲线分为初始压缩阶段、主固结阶段和蠕变阶段。黏性土样品 4、5、6 表现出了固结压缩的典型三个阶段（图 5.3-8），图中仅标示了样品 6 的固结压缩三个阶段。

2. 珊瑚砂、石英砂试验成果分析

根据图 5.3-5 和图 5.3-7，珊瑚砂与石英砂的时间-变形量曲线的变化趋势和变形量值基本一致。

（1）珊瑚砂的蠕变起始变形量平均值约 0.02mm，石英砂的蠕变起始变形量平均值约 0.03mm。

（2）在前 1 万 min，珊瑚砂与石英砂的时间-变形量曲线可近似为直线段；在 1 万 min 时，珊瑚砂的累计变形量平均值约为 0.07mm，石英砂的累计变形量平均值约为 0.08mm；

珊瑚砂与石英砂在 1 万 min 内的蠕变变形量差值平均为 0.01mm。

（3）在 1 万 min 之后，珊瑚砂与石英砂曲线斜率均增大；在试验结束时，珊瑚砂的累计变形量平均值约为 0.13mm，石英砂的累计变形量均值约为 0.14mm；珊瑚砂与石英砂在试验时间内的蠕变变形量差值均为 0.01mm。

依据黏性土的固结压缩曲线划分方法（图 5.3-8），石英砂样品 1、2、3 和珊瑚砂样品 7、8、9、10、11 主固结阶段和蠕变阶段不明显（图 5.3-5、图 5.3-7）。

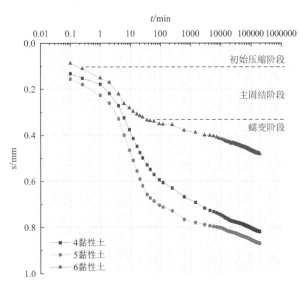

图 5.3-8　黏性土样品 4、5、6 固结压缩曲线阶段划分

3. 综合对比分析

通过连续 135d 的室内压缩试验，将细颗粒珊瑚砂、石英砂、黏性土的蠕变特征进行对比分析可以发现，在本次试验样品的颗粒尺度范围内和较低的荷载水平下，珊瑚砂与石英砂在压缩试验中表现出的长期变形特征是相似的，与黏性土存在明显区别。

依据本次试验结果，在较低荷载水平下，细颗粒珊瑚砂道基的长期变形按照石英砂的经验进行估算是可行的。

5.4　吹填珊瑚砂场地道基沉降计算

5.4.1　跑道沉降控制要求

新建跑道长度为 3400m，宽度为 60m，道面类型为沥青混凝土道面，设计道面标高为 +2.30m。

新建跑道要求工后沉降不大于 300mm，沿跑道纵轴线方向的差异沉降不大于 1.5‰。

5.4.2　道基工后沉降计算

根据珊瑚砂与石英砂的压缩变形特性研究，吹填珊瑚砂道基的沉降计算可按照石英砂的经验进行估算。

对于石英砂地层，初始压缩沉降在荷载施加后瞬间就完成，不会引起工后沉降，主固结沉降在地基处理后道面结构施工完成后根据经验可完成 80%。

因而,工后沉降可分为两部分,即道面荷载引起的主固结沉降的 20%和蠕变沉降。蠕变沉降是工后沉降的主要部分。

1. 道基沉降计算模型

新建跑道场地由早期吹填珊瑚砂场地和新吹填珊瑚砂场地组成,分多次吹填完成,填筑材料为场地东侧潟湖内采取的珊瑚砂和珊瑚碎屑。

根据岩土工程勘察工作,新建跑道场地内揭露的主要地层为珊瑚砂素填土①$_1$层、含珊瑚枝珊瑚砂素填土①$_2$层、含珊瑚碎石珊瑚砂素填土①$_3$层、珊瑚细砂②$_1$层、珊瑚中砂②$_2$层、珊瑚砾砂②$_3$层、含珊瑚碎石珊瑚粗砂③层和礁灰岩④层,珊瑚砂最大吹填厚度为 10.1m。

根据地基处理试验区 V 试验确定的地基处理方式、地基处理深度和地基处理前后的对比分析,吹填珊瑚砂道基地层可划分为两层。第一层为采用振动碾压地基处理影响深度范围内的地层,厚度为 5.6m;第二层为振动碾压地基处理影响深度范围以下部分,见图 5.4-1。

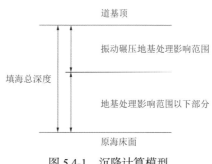

图 5.4-1　沉降计算模型

2. 主固结沉降计算

主固结沉降采用式(5.2-25)计算,其中关键参数是压缩指数C_c。

根据室内试验结果,经过振动碾压地基处理的吹填珊瑚砂,干密度可以达到 1.60g/cm³,振动碾压地基处理影响深度范围以下的吹填珊瑚砂,干密度为 1.43g/cm³。从而得到振动碾压地基处理影响深度范围内的吹填珊瑚砂的压缩指数C_c为 0.03,振动碾压地基处理影响深度范围以下的吹填珊瑚砂的压缩指数C_c为 0.05。

天然沉积珊瑚砂层的压缩指数C_c根据经验取值。天然沉积珊瑚砂②层(珊瑚细砂②$_1$层、珊瑚中砂②$_2$层、珊瑚砾砂②$_3$层)的压缩指数C_c取 0.05,含珊瑚碎石珊瑚粗砂③层的压缩指数C_c取 0.005[3]。

在新吹填珊瑚砂场地的新建跑道区域选取吹填珊瑚砂厚度最大的部位(图 5.4-2)进行计算分析,代表性钻孔为 E9、E10、E12、E14、E16、E18、E19 和 E21,对应工程地质剖面见图 5.4-3,对应的钻孔地层信息见表 5.4-1。

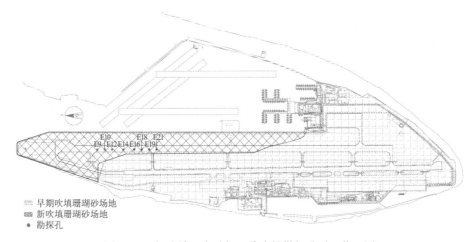

▨ 早期吹填珊瑚砂场地
▨ 新吹填珊瑚砂场地
● 勘探孔

图 5.4-2　新吹填珊瑚砂场地代表性勘探孔平面位置图

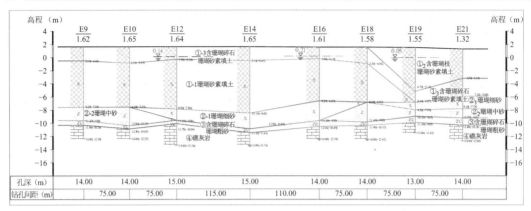

图 5.4-3　新吹填珊瑚砂场地代表性勘探孔工程地质剖面图

填海区域代表性钻孔地层信息　　　　　　　　　　　　　　　　表 5.4-1

钻孔编号	孔口标高	吹填珊瑚砂①层 层底标高	天然沉积珊瑚砂②层 层底标高	含珊瑚碎石珊瑚粗砂③层 层底标高
E9	1.62	−7.58	−9.58	−10.28
E10	1.65	−7.55	−10.35	−10.85
E12	1.64	−7.86	−9.56	−10.06
E14	1.65	−8.45	−10.85	−11.45
E16	1.61	−6.59	−9.59	−10.49
E18	1.58	−6.82	−9.82	−10.32
E19	1.55	−6.85	−8.95	−9.85
E21	1.32	−5.88	−9.18	−10.28

通过计算，各个代表性钻孔的主固结沉降计算结果见表 5.4-2。

主固结沉降计算表　　　　　　　　　　　　　　　　表 5.4-2

钻孔编号	C_c	e_0	H_i/mm		σ_0'/kPa	σ_1'/kPa	s_{ci}/mm	s_c/mm	20%s_c/mm
E9	0.03	0.738	①层水位以上	1320	12.14	26.14	8.25	26.74	5.3
	0.03	0.738	①层水位以下	4280	46.12	60.12	9.24		
	0.05	0.891	①层水位以下	3600	84.86	98.86	6.31		
	0.05	0.800	②层	2000	111.68	125.68	2.85		
	0.005	0.750	③层	700	125.15	139.15	0.09		
E10	0.03	0.738	①层水位以上	1350	12.42	26.42	8.30	27.62	5.5
	0.03	0.738	①层水位以下	4250	46.52	60.52	9.11		
	0.05	0.891	①层水位以下	3600	85.11	99.11	6.30		
	0.05	0.800	②层	2800	115.89	129.89	3.85		
	0.005	0.750	③层	500	132.30	146.30	0.06		
E12	0.03	0.738	①层水位以上	1340	12.33	26.33	8.28	26.62	5.3
	0.03	0.738	①层水位以下	4260	46.38	60.38	9.15		
	0.05	0.891	①层水位以下	3900	86.44	100.44	6.72		
	0.05	0.800	②层	1700	113.18	127.18	2.39		
	0.005	0.750	③层	500	124.15	138.15	0.07		

钻孔编号	C_c	e_0	H_i/mm		σ'_0/kPa	σ'_1/kPa	s_{ci}/mm	s_c/mm	20%s_c/mm
E14	0.03	0.738	①层水位以上	1350	12.42	26.42	8.30	28.14	5.6
	0.03	0.738	①层水位以下	4250	46.52	60.52	9.11		
	0.05	0.891	①层水位以下	4500	89.34	103.34	7.52		
	0.05	0.800	②层	2400	122.37	136.37	3.14		
	0.005	0.750	③层	600	137.31	151.31	0.07		
E16	0.03	0.738	①层水位以上	1310	12.05	26.05	8.23	26.89	5.4
	0.03	0.738	①层水位以下	4290	45.98	59.98	9.29		
	0.05	0.891	①层水位以下	2600	80.08	94.08	4.81		
	0.05	0.800	②层	3000	107.15	121.15	4.44		
	0.005	0.750	③层	900	126.59	140.59	0.12		
E18	0.03	0.738	①层水位以上	1280	11.78	25.78	8.17	27.18	5.4
	0.03	0.738	①层水位以下	4320	45.58	59.58	9.43		
	0.05	0.891	①层水位以下	2800	80.78	94.78	5.14		
	0.05	0.800	②层	3000	108.79	122.79	4.38		
	0.005	0.750	③层	500	126.19	140.19	0.07		
E19	0.03	0.738	①层水位以上	1250	11.50	25.50	8.11	26.15	5.2
	0.03	0.738	①层水位以下	4350	45.19	59.19	9.56		
	0.05	0.891	①层水位以下	2800	80.53	94.53	5.15		
	0.05	0.800	②层	2100	104.09	118.09	3.20		
	0.005	0.750	③层	900	119.07	133.07	0.12		
E21	0.03	0.738	①层水位以上	1020	9.38	23.38	7.59	27.04	5.4
	0.03	0.738	①层水位以下	4580	42.13	56.13	12.74		
	0.05	0.891	①层水位以下	1600	73.00	87.00	1.22		
	0.05	0.800	②层	3300	96.86	110.86	0.94		
	0.005	0.750	③层	1100	118.80	132.80	0.03		

3. 蠕变沉降计算

由于理论计算公式(5.2-27)是假设地基处于完全侧限状态，只产生一维（竖向）压缩，不发生侧向变形，使得沉降计算值与实际沉降存在差异。

一方面，基于室内压缩试验试样的应力应变状态与吹填珊瑚砂道基实际应力应变状态不一致，室内重塑样与现场土层的物理力学性质也不完全一致。另一方面，在实际工程中，吹填的珊瑚砂受吹填料源、吹填方式、地基处理方式等因素影响，珊瑚砂成分以细颗粒的珊瑚砂为主，夹杂着珊瑚枝、礁灰岩碎块等，颗粒大小不均、结构复杂、分布无规律，也会对沉降计算的准确性造成影响。

目前，从理论上确定由于各种因素造成的这种差异尚有困难，为了消除沉降计算的误差，使得沉降计算与实际相符，在式(5.2-27)的基础上，引入了蠕变沉降修正系数ψ_c，蠕变沉降计算表达式为：

$$s_s = \psi_c \frac{H}{1+e_0} C_\alpha \lg \frac{t}{t_p} \tag{5.4-1}$$

（1）蠕变系数C_α的确定

根据地基处理试验结果，经过振动碾压地基处理的吹填珊瑚砂，干密度可以达到 1.60g/cm³，振动碾压地基处理影响深度范围以下的吹填珊瑚砂，干密度为 1.43g/cm³。从而得到振动碾压地基处理影响深度范围内的吹填珊瑚砂的蠕变系数C_α为 0.00134，振动碾压地基处理影响深度范围以下的吹填珊瑚砂的蠕变系数C_α为 0.00258。

（2）蠕变沉降修正系数ψ_c的确定

蠕变沉降修正系数ψ_c采用现场沉降监测值与沉降理论计算值的对比反演分析方法确定。

拟建场地吹填完成后，在吹填完工面进行了沉降监测，沉降监测点布置见图 5.4-4。沉降监测时间从 2016 年 11 月 20 日至 2017 年 3 月 31 日，持续 4 个月，沉降监测曲线见图 5.4-5。

在沉降监测点中，5 号、6 号沉降监测点最具有代表性，对应的吹填珊瑚砂厚度分别为 9.6m 和 9.3m。5 号、6 号沉降监测点的监测数据见表 5.4-3，2016 年 12 月 22 日至 2017 年 3 月 23 日期间内分别沉降了 4.4mm 和 7.2mm。

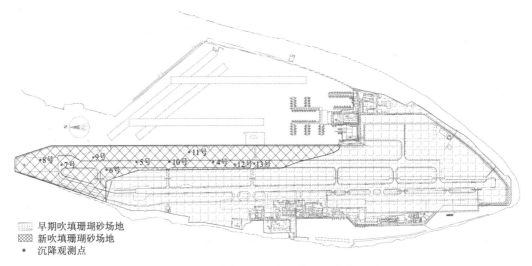

早期吹填珊瑚砂场地
新吹填珊瑚砂场地
• 沉降观测点

图 5.4-4　吹填完成后地表沉降监测点布置图

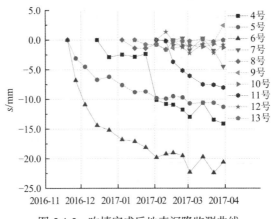

图 5.4-5　吹填完成后地表沉降监测曲线

5 号、6 号沉降监测点监测数据（单位：mm） 表 5.4-3

点号	2016 年 11 月		2016 年 12 月			2017 年 1 月			2017 年 2 月				2017 年 3 月			
	20 日	27 日	5 日	15 日	22 日	5 日	16 日	25 日	3 日	11 日	17 日	25 日	3 日	14 日	23 日	31 日
5 号	0.0	3.1	4.5	6.7	6.2	7.6	8.8	8.7	9.8	9.9	9.5	9.7	10.7	10.6	10.6	11.3
6 号	0.0	6.8	10.9	14.4	15.2	16.8	17.1	18.1	19.8	19.2	19.0	19.5	22.3	19.7	22.4	20.6

根据监测数据，拟建场地吹填完成后，由于无其他附加荷载，且原海底地层压缩模量较大，分析认为在吹填完成后的第一个月完成了主固结沉降，此后的 3 个月的沉降是珊瑚砂的蠕变沉降。

根据式(5.2-27)计算所得对应的 3 个月的蠕变沉降见表 5.4-4。

蠕变沉降计算表 表 5.4-4

点号	C_α	e_0	H/mm	t/月	t_p/月	s_s/mm
5 号	0.00258	0.891	9600	4	1	7.89
6 号	0.00258	0.891	9300	4	1	7.64

通过 5 号、6 号沉降监测点对应的后 3 个月的蠕变沉降计算值和实测值的比较，得到蠕变沉降修正系数 ψ_c 为 0.56、0.94，综合取蠕变沉降修正系数 ψ_c 为 0.75，计算结果见表 5.4-5。

蠕变修正系数计算表 表 5.4-5

点号	实际蠕变沉降量 s_s/mm	计算蠕变沉降量 s_s/mm	蠕变沉降修正系数 ψ_c
5 号	4.4	7.89	0.56
6 号	7.2	7.64	0.94

（3）蠕变沉降计算公式的验证

地基处理试验的试验区 V，原海床标高约为 −8.70m，吹填厚度约为 10.3m，是新建跑道场地吹填厚度最大的区域。吹填完成时间约为 2016 年 11 月 20 日，试验完成时间为 2017 年 8 月 10 日。

试验完成后，在试验区 V 范围内布置了 6 个地表沉降监测点（图 5.4-6），编号为 Y19、Y20、Y21、Y22、Y23 和 Y24，沉降监测时间从 2017 年 8 月 10 日至 2018 年 5 月 29 日，持续约 10 个月。

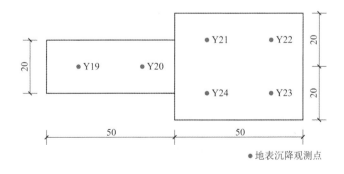

●地表沉降观测点

图 5.4-6 试验区 V 沉降监测点平面布置图

按照式(5.4-1)进行蠕变沉降计算，计算参数见表5.4-6。

蠕变沉降计算参数表　　　　　　　　　　　表5.4-6

部位	C_α	e_0	H_i/mm	t_p/月
振动碾压地基处理影响深度范围内	0.00134	0.738	5600	振动碾压地基处理后1个月
振动碾压地基处理影响深度范围以下	0.00258	0.891	4700	吹填完成后1个月

蠕变沉降计算值与沉降监测数据对比见表5.4-7和图5.4-7。

蠕变沉降计算值与沉降监测数据对比表（单位：mm）　　　　表5.4-7

日期	Y19	Y20	Y21	Y22	Y23	Y24	蠕变沉降计算值
2017-08-10	0.00	0.00	0.00	0.00	0.00	0.00	
2017-08-11	0.03	−0.05	−0.19	−0.3	−0.45	0.01	
2017-08-12	0.01	0.31	0.88	0.66	0.46	0.25	
2017-08-13	−0.35	−0.29	−0.37	−0.51	−0.31	−0.32	
2017-08-16	0.78	0.62	−0.07	−1.78	0.09	0.59	
2017-08-19	−0.91	−0.60	−0.90	−2.62	−0.73	−0.48	
2017-08-27	−0.58	−0.48	−0.99	−2.81	−2.66	−0.56	
2017-09-07	−0.53	−0.52	−0.96	−2.83	−4.64	−0.74	0.00
2017-09-16	−0.90	−0.78	−0.76	−2.72	−2.96	−0.78	−0.28
2017-09-23	−0.88	−0.73	−0.86	−2.64	−2.84	−0.63	−0.51
2017-09-29	−0.88	−0.73	−0.86	−2.64	−2.84	−0.63	−0.69
2017-10-05	−1.02	−1.04	−1.11	−2.96	−3.61	−0.73	−0.85
2017-10-13	−1.05	−0.93	−0.70	−2.70	−3.32	−0.87	−1.04
2017-10-21	−1.00	−0.74	−0.86	−2.69	−3.59	−0.97	−1.21
2017-10-28	−0.73	−0.52	−0.85	−2.53	−3.19	−0.65	−1.35
2017-11-03	−1.04	−0.77	−1.09	−2.95	−3.59	−0.91	−1.47
2017-11-11	−1.32	−1.15	−1.15	−2.85	−3.52	−1.16	−1.61
2017-11-18	−0.89	−0.77	−0.83	−2.72	−3.28	−0.79	−1.73
2017-11-25	−1.09	−0.81	−0.88	−2.73	−3.31	−0.93	−1.84
2017-12-02	−1.08	−0.84	−0.75	−2.47	−3.25	−0.94	−1.94
2017-12-09	−1.22	−0.93	−0.70	−2.46	−3.20	−1.09	−2.04
2017-12-16	−1.03	−0.66	−0.67	−2.41	−3.21	−0.92	−2.14
2017-12-23	−1.11	−0.65	−0.66	−2.30	−3.08	−0.79	−2.23
2017-12-29	−1.02	−0.58	0.11	−1.48	−2.44	−0.94	−2.31
2018-01-12	−1.16	−0.69	0.14	−1.74	−2.69	0.11	−2.48
2018-01-27	−1.11	−0.86	−0.94	−2.52	−3.34	−1.03	−2.65
2018-02-15	−3.06	−2.80	−2.90	−4.52	−5.34	−3.02	−2.85
2018-03-05	−3.12	−2.44	−2.78	−4.00	−4.97	−2.71	−3.03
2018-03-16	−2.79	−2.59	−2.66	−4.08	−4.94	−2.64	−3.13
2018-03-30	−2.92	−2.67	−2.68	−4.02	−5.22	−2.94	−3.26
2018-04-15	−2.94	−2.73	−2.76	−4.24	−5.22	−2.81	−3.39
2018-04-29	−3.10	−3.04	−3.18	−4.47	−5.50	−3.09	−3.51
2018-05-16	−2.91	−2.63	−2.74	−4.14	−5.15	−2.79	−3.64
2018-05-29	−2.80	−2.84	−2.46	−3.16	−5.17	−3.05	−3.74

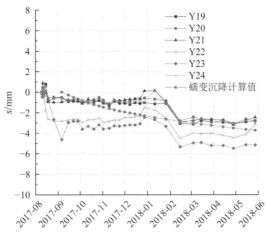

图 5.4-7　蠕变沉降计算值与沉降监测数据对比图

根据对比结果可知，试验区 V 地基处理完成后近 1 年时间内蠕变沉降计算值和沉降监测值，二者在趋势和数值上契合度较好，证明了蠕变沉降计算方法的有效性，可用于实际工程的蠕变沉降计算。

（4）蠕变沉降计算

采用式(5.4-1)进行蠕变沉降计算，计算时间为工后 15 年（183 个月），选取的计算区域和代表性钻孔均与主固结沉降相同。

根据道基沉降计算模型，蠕变沉降分为振动碾压地基处理影响深度范围内蠕变沉降s_{s1}和振动碾压地基处理影响深度范围以下蠕变沉降s_{s2}两部分。

振动碾压地基处理影响深度范围内蠕变沉降s_{s1}的计算结果见表 5.4-8。

振动碾压地基处理影响深度范围内蠕变沉降 s_{s1} 计算表　　　　表 5.4-8

ψ_c	C_α	e_0	H_i/mm	t_i/月	t_p/月	s_{s1}/mm
0.75	0.00134	0.738	5600	183	3	5.8

振动碾压地基处理影响深度范围以下蠕变沉降s_{s2}的计算结果见表 5.4-9。

振动碾压地基处理影响深度范围以下蠕变沉降 s_{s2} 计算表　　　　表 5.4-9

钻孔编号	ψ_c	C_α	e_0	H_i/mm	t_i/月	t_p/月	s_{s1}/mm
E9	0.75	0.00258	0.891	3580	183	3	6.5
E10	0.75	0.00258	0.891	3550	183	3	6.5
E12	0.75	0.00258	0.891	3860	183	3	7.1
E14	0.75	0.00258	0.891	4450	183	3	8.1
E16	0.75	0.00258	0.891	2590	183	3	4.7
E18	0.75	0.00258	0.891	2820	183	3	5.2
E19	0.75	0.00258	0.891	2850	183	3	5.2
E21	0.75	0.00258	0.891	1880	183	3	3.4

4. 工后沉降计算

工后沉降等于道面荷载引起的主固结沉降的 20% 和蠕变沉降之和，即工后沉降$s = 20\%$

主固结沉降s_c + 振动碾压地基处理影响深度范围内蠕变沉降s_{s1} + 振动碾压地基处理影响深度范围以下s_{s2}。

沿跑道轴向差异沉降等于相邻钻孔工后沉降之差与相邻钻孔间距的比值。

工后沉降和沿跑道轴向差异沉降计算结果见表5.4-10。

工后沉降和沿跑道轴向差异沉降计算表　　　　　　　　表 5.4-10

钻孔编号	20%s_c/mm	s_{s1}/mm	s_{s2}/mm	s/mm	钻孔间距/m	差异沉降/‰
E9	5.3	5.8	6.5	17.6		
					75.0	0.003
E10	5.5	5.8	6.5	17.8		
					75.0	0.005
E12	5.3	5.8	7.1	18.2		
					115.0	0.011
E14	5.6	5.8	8.1	19.5		
					110.0	0.033
E16	5.4	5.8	4.7	15.9		
					75.0	0.007
E18	5.4	5.8	5.2	16.4		
					75.0	0.003
E19	5.2	5.8	5.2	16.2		
					75.0	0.021
E21	5.4	5.8	3.4	14.6		

计算结果表明，工后沉降和沿跑道纵轴向差异沉降均能满足跑道沉降控制要求。

本节在沉降计算理论和室内试验研究的基础上，计算出了吹填珊瑚砂道基的工后沉降和差异沉降，计算结果能够满足设计要求，并通过监测数据验证了计算方法的有效性。下面两节将分别介绍基于振动碾压下沉量的吹填珊瑚砂道基沉降计算方法和基于干密度指标的吹填珊瑚砂道基沉降计算方法，通过对选取的典型区域的沉降计算，进一步验证了振动碾压地基处理方法的可行性。

5.5　基于振动碾压下沉量的吹填珊瑚砂道基沉降计算

工后沉降作为填方工程中一项重要指标备受关注，对于具有结构性的吹填珊瑚砂其蠕变沉降为工程工后沉降的主要组成部分，而蠕变系数是沉降预测时用到的重要指标。珊瑚砂具有颗粒形状不规则、多孔隙的特点，且不易取得原状土样。采取现场取样室内进行压缩试验的方法获得珊瑚砂的蠕变系数比较困难。目前，砂土的蠕变系数多采用经验法确定，因此其蠕变沉降计算结果与实际相差较大。

利用较长时间的吹填场地的历史沉降数据，对蠕变系数进行反演推算，是一种直接贴合实际的获得蠕变系数的方法。但是获取吹填场地的历史沉降数据有时较为困难，甚至获得吹填场地的形成时间有时都很难做到。

在工程实践中，本工程提出了利用搜寻到的场地形成时间，在新回填区域和老回填区域分别进行振动碾压试验，并根据振动碾压振沉量的差异来反演推测蠕变系数的方法。

5.5.1　蠕变系数反演公式

蠕变沉降的计算公式为：

$$s_{\mathrm{s}} = \frac{C_{\alpha}}{1 + e_0} H \lg \frac{t_{\mathrm{final}}}{t_{\mathrm{init}}} \tag{5.5-1}$$

式中：C_{α}——蠕变系数；

$\quad\quad s_{\mathrm{s}}$——蠕变沉降；

$\quad\quad H$——用于振沉对比的土层厚度；

$\quad\quad t_{\mathrm{final}}$——蠕变沉降计算完成时间；

$\quad\quad t_{\mathrm{init}}$——蠕变沉降计算起始时间；

$\quad\quad e_0$——孔隙比。

假定有两个场地采用同样的材料和吹填工艺吹填形成，其中一个场地历时较长（简称老场地），另一个场地历时较短（简称新场地），老场地经历了从 t_{init} 到 $t_{\mathrm{final\_old}}$ 自重应力作用下的蠕变沉降，新场地经历了从 t_{init} 到 $t_{\mathrm{final\_new}}$ 的自重应力作用下的蠕变沉降，则老场地和新场地发生的蠕变沉降分别为：

$$s_{\mathrm{s\_old}} = \frac{C_{\alpha}}{1 + e_0} H \lg \frac{t_{\mathrm{final\_old}}}{t_{\mathrm{init}}} \tag{5.5-2}$$

$$s_{\mathrm{s\_new}} = \frac{C_{\alpha}}{1 + e_0} H \lg \frac{t_{\mathrm{final\_new}}}{t_{\mathrm{init}}} \tag{5.5-3}$$

假定采用振动碾压的地基处理方式可以消除老场地和新场地用于对比土层厚度 H 范围内吹填珊瑚砂的蠕变沉降，则对比新场地、老场地 H 厚度吹填珊瑚砂层在上述振动碾压过程中发生的沉降量 s_{new} 与 s_{old}，两者之差应等于老场地 H 厚度土层从 t_{init} 到 $t_{\mathrm{final\_old}}$ 发生的蠕变沉降与新场地 H 厚度土层从 t_{init} 到 $t_{\mathrm{final\_new}}$ 发生的蠕变沉降之差。即：

$$s_{\mathrm{new}} - s_{\mathrm{old}} = s_{\mathrm{s\_old}} - s_{\mathrm{s\_new}} \tag{5.5-4}$$

由式(5.5-2)～式(5.5-4)推导得到蠕变系数的反演公式为：

$$C_{\alpha} = \frac{S_{\mathrm{new}} - S_{\mathrm{old}}}{H\left(\lg \dfrac{t_{\mathrm{final\_old}}}{t_{\mathrm{init}}} - \lg \dfrac{t_{\mathrm{final\_new}}}{t_{\mathrm{init}}}\right) \cdot \dfrac{1}{1 + e_0}} \tag{5.5-5}$$

式中：C_{α}——蠕变系数；

$\quad\quad s_{\mathrm{new}}$——新场地 H 厚度发生的沉降量；

$\quad\quad s_{\mathrm{old}}$——老场地 H 厚度发生的沉降量；

$\quad\quad s_{\mathrm{s\_new}}$——新场地蠕变沉降；

$\quad\quad s_{\mathrm{s\_old}}$——老场地蠕变沉降；

$\quad\quad H$——用于振沉对比的土层厚度；

$\quad\quad t_{\mathrm{final\_new}}$——新场地蠕变沉降计算完成时间；

$\quad\quad t_{\mathrm{final\_old}}$——老场地蠕变沉降计算完成时间；

$\quad\quad t_{\mathrm{init}}$——蠕变沉降计算起始时间，一般按 3 个月考虑；

$\quad\quad e_0$——孔隙比。

5.5.2　地基处理试验

本工程建设范围内其他区域的填海造陆工程于 2016 年 7 月 26 日开始，采用绞吸式挖砂船从 Hulhule 机场岛东侧潟湖内采取珊瑚砂进行吹填施工，于 2017 年 5 月初完成全部吹填工作。

根据场地历史卫星图片（图 2.3-3～图 2.3-7）可知，早期吹填珊瑚砂场地是指在 2016 年 7 月 26 日以前完成填海造陆的区域，位于其上的试验区的吹填时间约为 2001 年 1 月至 2005 年 2 月之间。新吹填珊瑚砂场地是指在 2016 年 7 月 26 日以后完成填海造陆的区域，位于其上的试验区的吹填时间约为 2016 年 11 月，振动碾压地基处理试验时间为 2017 年 4 月。假定早期吹填珊瑚砂场地吹填完成时间为 2005 年 2 月，则t_{final_old}和t_{final_new}分别为 146 个月和 5 个月。

在新吹填珊瑚砂场地和早期吹填珊瑚砂场地分别设置试验小区并进行振动碾压地基处理试验，测量地表沉降量，并在振动碾压试验前后分别进行动力触探试验，以确定两个试验区的振动影响深度。

5.5.3 确定振动影响深度及振沉量

用新吹填珊瑚砂场地和早期吹填珊瑚砂场地的试验区在振动碾压处理前后的动力触探结果分别确定两个试验区的振动影响深度（图 5.5-1），取二者中的小者并去掉早期吹填珊瑚砂场地新填筑的珊瑚砂厚度即为用于振沉对比的土层厚度H，把实际试验过程中的地表沉降值，按照线性等比例的原则分配到土层厚度上，折算出用于振沉对比的土层厚度H内的振动碾压沉降量s_{new}和s_{old}。

试验区动力触探试验（DPT）的试验结果见，虚线为处理后的 DPT 平均值，实线为处理前的平均值。从图中可判断出新场地的振动影响深度约为 4.5m，早期吹填珊瑚砂场地的振动影响深度约为 3.0m。考虑在早期吹填珊瑚砂场地顶部回填了 0.3m 厚的珊瑚砂，则用于振沉对比的土层厚度H确定为 3.0 − 0.3 = 2.7m。

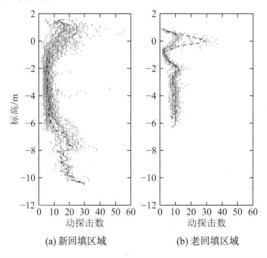

图 5.5-1　新吹填珊瑚砂场地和早期吹填珊瑚砂场地试验区振动碾压处理前后 DPT 对比

新吹填珊瑚砂场地试验区平均振沉量为 257mm，早期吹填珊瑚砂场地试验区平均振沉量为 110mm。对应的用于振沉对比的 2.7m 厚的珊瑚砂新吹填珊瑚砂场地和早期吹填珊瑚砂场地的振动碾压沉降量按照线性比例计算分别为 257 × 2.7/4.5 = 154mm 和 110 × 2.7/3.0 = 99mm。

5.5.4 计算结果

根据土工试验结果，珊瑚砂的孔隙比最小值为 0.761，最大值为 1.076。

新吹填珊瑚砂场地 t_{final_new} 为 5 个月，早期吹填珊瑚砂场地 t_{final_old} 为 146 个月，对比分析的土层厚度 H 为 2.7m。

新吹填珊瑚砂场地的振沉量 s_{new} 为 154mm，早期吹填珊瑚砂场地的振沉量 s_{old} 为 99mm。

孔隙比 e_0 选用最小值 0.761 时，以上参数代入式(5.5-5)，得到蠕变系数 C_α 为 0.0245。

孔隙比 e_0 选用最大值 1.076 时，以上参数代入式(5.5-5)，得到蠕变系数 C_α 为 0.0289。

5.5.5　影响反演结果的参数分析

在进行吹填珊瑚砂蠕变系数 C_α 反演分析过程中，珊瑚砂的孔隙比和早期吹填珊瑚砂场地蠕变沉降计算完成时间是两个主要影响反演结果的参数，分析这两个参数的取值对蠕变系数 C_α 反演结果的影响，对于提高反演结果的精度意义非凡。

孔隙比 e_0 在 0.761～1.076，均匀选取 9 个孔隙比数值计算蠕变系数 C_α，蠕变系数 C_α 与孔隙比 e_0 的关系曲线见图 5.5-2。早期吹填珊瑚砂场地的吹填时间约从 2001 年 2 月至 2005 年 2 月，则早期吹填珊瑚砂场地的蠕变沉降计算完成时间是 146～194 个月，按照间隔 4 个月均匀选取 13 个值作为早期吹填珊瑚砂场地蠕变沉降计算完成时间蠕变系数 C_α，蠕变系数 C_α 与早期吹填珊瑚砂场地蠕变沉降计算完成时间的关系曲线见图 5.5-3。

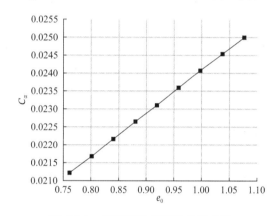

图 5.5-2　蠕变系数-孔隙比关系曲线

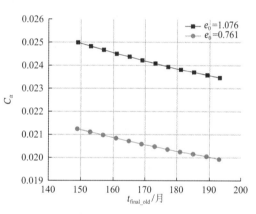

图 5.5-3　蠕变系数-老场地蠕变沉降计算完成时间关系曲线

对于孔隙比和早期吹填珊瑚砂场地蠕变沉降计算完成时间两个主要参数的敏感性分析方法为：参数分别取最大值、最小值与参数取中间值时的蠕变系数计算结果进行比较。敏感性分析如下：

孔隙比取中间值 $e_0 = 0.918$ 时，计算得蠕变系数 C_α 为 0.0267。孔隙比取最小值 $e_0 = 0.761$ 时，计算得蠕变系数 C_α 为 0.0245，其结果与孔隙比取中值的误差为$(0.0245 - 0.0267)/0.0267 = -8\%$；孔隙比取最大值 $e_0 = 1.076$ 时，计算得蠕变系数 C_α 为 0.0289，其结果与孔隙比取中值的误差为$(0.0289 - 0.0267)/0.0267 = 8\%$。

孔隙比取最大值 $e_0 = 1.076$ 不变，早期吹填珊瑚砂场地蠕变沉降计算完成时间作为变量分析如下：取中值 170 个月，计算得蠕变系数 C_α 为 0.0276。取最小值 146 个月，计算得蠕变系数 C_α 为 0.0289，其结果与蠕变时间取中值的误差为$(0.0289 - 0.0276)/0.0276 = 5\%$；蠕变沉降计算完成时间取最大值 194 个月，计算得蠕变系数 C_α 为 0.0266，其结果与蠕变沉降计算完成时间取中值的误差为$(0.0266 - 0.0276)/0.0276 = -4\%$。

从以上数据可以看出，吹填珊瑚砂的孔隙比对蠕变系数反演结果的影响比早期吹填珊瑚砂场地吹填完成时间的影响大。

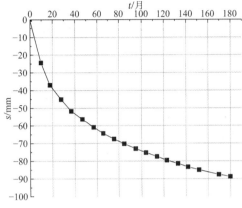

图 5.5-4　工后沉降计算结果图

比较两个对蠕变系数反演结果有影响的参数可以看出，反演结果对珊瑚砂孔隙比比较敏感，而对于早期吹填珊瑚砂场地的吹填完成时间相对敏感性较弱。因此，在反演珊瑚砂蠕变系数C_α过程中，关键是把珊瑚砂的孔隙比测试准确，这相对容易做到，而获取准确的早期吹填珊瑚砂场地吹填完成历时在缺少历史资料的情况下是非常困难的。

5.5.6　工后沉降计算

场地吹填厚度为 10.1m，地基处理厚度为 5.6m，蠕变沉降计算厚度为 4.5m。计算厚度范围孔隙比取$e_0 = 1.076$ 不变，蠕变系数C_α取 0.0276。施工周期考虑为 6 个月。工后 15 年的计算结果见图 5.5-4，满足跑道沉降控制要求。

5.6　基于干密度指标的吹填珊瑚砂道基沉降计算

吹填珊瑚砂地基主要由耙吸或绞吸吹填的珊瑚砂、珊瑚断枝及两者的混合物构成。颗粒大小不均、分布无规律，颗粒存在棱角和内孔隙，最优含水率和最大干密度不确定。地表荷载、自重、潮汐和地壳运动等因素造成珊瑚砂颗粒的重排列、珊瑚枝的断裂、内孔隙破裂与刺入，引发珊瑚砂地基沉降变形。

工程设计时一般采用分层总和法计算飞机跑道的沉降变形，但准确测定珊瑚砂地基的孔隙比、压缩模量较困难。采用蠕变系数计算珊瑚砂地基沉降时，不同方法确定的蠕变系数差异较大。如何较准确计算珊瑚砂吹填地基的沉降，目前仍是工程设计中的一个难点。

5.6.1　研究思路

珊瑚砂吹填地基中，只有细颗粒的珊瑚砂可进行常规室内压缩试验，很显然，细颗粒珊瑚砂压缩试验成果应用到工程实践中是不合理的。

通过采用压力机对大尺寸试样进行压缩试验，试验样品包括细颗粒的珊瑚砂、枝丫状的珊瑚枝及两者的混合物，获取压缩变形规律，以用于珊瑚砂吹填地基的沉降计算。

由于珊瑚砂颗粒和珊瑚枝几乎全部由碳酸钙组成，不存在遇水崩解、排水固结等特征，通过增大室内压缩试验尺度，其压缩试验成果可以应用于珊瑚砂吹填地基的沉降计算。

5.6.2　试验过程

本次试验采用 TENSON 压力机（图 5.6-1），试样筒采用直径 152mm、高 170mm 的圆柱形钢桶（图 5.6-2）。

珊瑚砂试验样品的样品名称、编号、含水率见表 5.6-1，样品照片见图 5.6-3～图 5.6-5，颗粒级配曲线见图 5.6-6、图 5.6-7，珊瑚枝未能提供颗分级配曲线和颗粒组成。工程现场实测水面以上珊瑚砂含水率一般为 13%～17%，本次试验含水率采用 15%。

图 5.6-1　试验仪器　　　　图 5.6-2　试样筒

样品描述　　　　　　　　　　　　　　　　　　　　　表 5.6-1

序号	样品名称	样品编号	含水率w/%
1	珊瑚砂	SHS1	15
2		SHS2	15
3		SHS3	15
4	珊瑚枝	SHZ1	0.5
5		SHZ2	0.5
6		SHZ3	0.5
7	珊瑚砂与珊瑚枝混合料	SHSZ1	15
8		SHSZ2	15
9		SHSZ3	15

图 5.6-3　珊瑚砂　　　图 5.6-4　珊瑚枝　　　图 5.6-5　珊瑚砂与珊瑚枝混合料

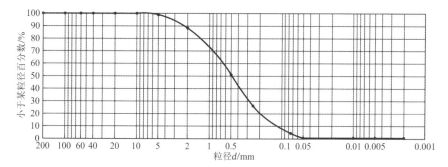

图 5.6-6　珊瑚砂颗粒级配曲线

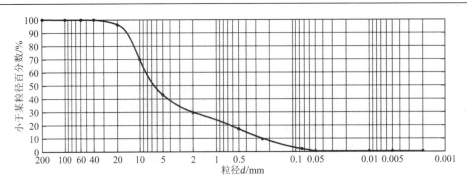

图 5.6-7　珊瑚砂和珊瑚枝混合料颗粒级配曲线

5.6.3　试验成果

将 9 个样品分别分层装入试样筒中，用低压力压平后，样品高度 117mm，放在压力机上进行压缩试验，试验结果见图 5.6-8～图 5.6-10，其中竖向应变δ为竖向压缩变形d与试验原始高度h_0的比值。

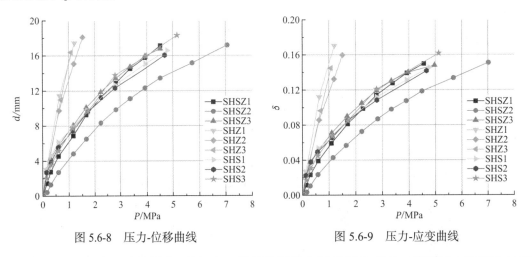

图 5.6-8　压力-位移曲线　　　　　　　图 5.6-9　压力-应变曲线

在试验过程中，随着压力P的加大，珊瑚砂样品有轻微渗水现象；珊瑚枝、珊瑚砂与珊瑚枝混合料样品没有发生渗水现象。依据样品烘干后质量及每级压力下样品体积，计算出每级压力P下样品干密度ρ_d，绘制压力-干密度曲线（图 5.6-10）。

压力为 2MPa 时，珊瑚砂、珊瑚砂与珊瑚枝混合料的最大干密度分别为 1.580g/cm³、1.623g/cm³。

压力为 4MPa 时，珊瑚砂、珊瑚砂与珊瑚枝混合料的最大干密度分别为 1.657g/cm³、1.706g/cm³。

珊瑚枝 1.1～1.5MPa 开始破碎，破碎时最大干密度为 1.076g/cm³。

图 5.6-11 显示了工程荷载 2MPa 以内的各试样的压力与应变的关系。珊瑚砂、珊瑚枝及珊瑚砂与珊瑚枝混合料随着压力的增加，压缩变形持续增长。其中珊瑚砂、珊瑚砂与珊瑚枝混合料随着压力的增加，其压缩变形规律相近。

珊瑚砂、珊瑚枝及珊瑚砂与珊瑚枝混合料的干密度与应变具有较好的线性相关性（图 5.6-12）。

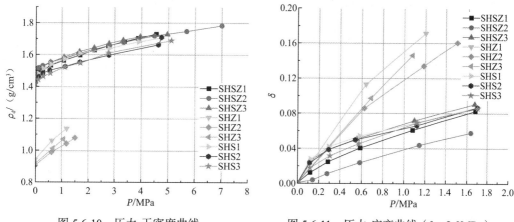

图 5.6-10　压力-干密度曲线　　　　　图 5.6-11　压力-应变曲线（0~2.0MPa）

在实际工程中，珊瑚砂吹填地基主要由珊瑚砂与珊瑚枝混合料组成，纯珊瑚砂或珊瑚枝所占比例较小。珊瑚砂与珊瑚枝混合料是工程需要研究的重点（干密度-应变曲线见图 5.6-13，压力-干密度曲线见图 5.6-14）。经分析，SHSZ3 样品的压力-干密度曲线最具有代表性，可用于机场跑道道基研究，见图 5.6-15。

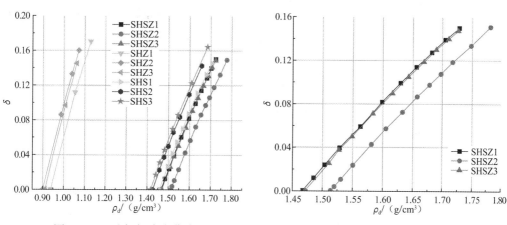

图 5.6-12　干密度-应变曲线　　　　图 5.6-13　珊瑚砂与珊瑚枝混合料干密度-应变曲线

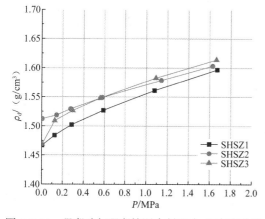

图 5.6-14　珊瑚砂与珊瑚枝混合料压力-干密度曲线

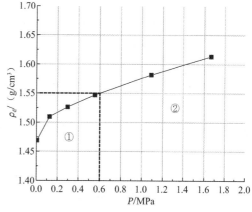

图 5.6-15　SHSZ3 样品压力-干密度曲线

图 5.6-13 中，SHSZ3 珊瑚砂与珊瑚枝混合料样品干密度 ρ_d 与应变 δ 关系为：

$$\delta = 0.5751 \times \rho_d - 0.8414, \quad R^2 = 0.9982 \tag{5.6-1}$$

图 5.6-15 中，SHSZ3 珊瑚砂与珊瑚枝混合料样品压力 P 与干密度 ρ_d 关系为：

当压力 $P \leqslant 0.6\text{MPa}$ 时，即图 5.6-15 中①段：

$$\rho_d = -0.2629 \times P^2 + 0.2788 \times P + 1.4733, \quad R^2 = 0.9741 \tag{5.6-2}$$

当压力 $P > 0.6\text{MPa}$ 时，即图 5.6-15 中②段：

$$\rho_d = 0.0566 \times P + 1.5189, \quad R^2 = 0.9967 \tag{5.6-3}$$

5.6.4 沉降计算

机场跑道道基为吹填和自然沉积的珊瑚砂与珊瑚枝混合物，0～9m 为绞吸吹填形成，

9～12m 为自然沉积形成，12m 以下为礁灰岩，地下水位为地面以下 1m，地基处理厚度 4m，地基处理示意图见图 5.6-16。根据现场原位试验及室内试验分析，人工吹填和自然沉积地层的物质组成、物理力学性质基本一致，自然沉积地层同样会产生沉降变形。

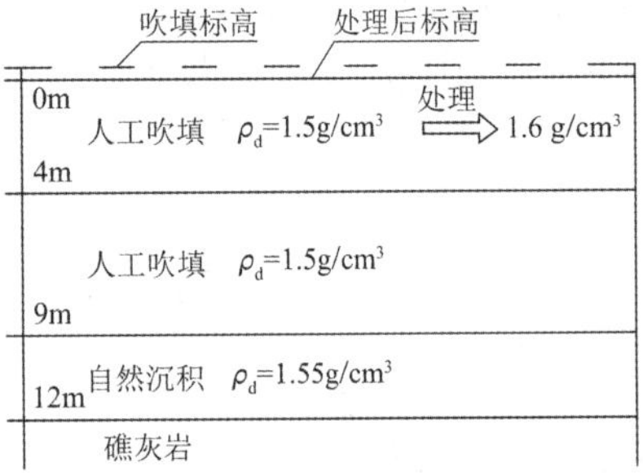

依据地层厚度及实测干密度，按式(5.6-1)～式(5.6-3)计算吹填时的虚铺厚度（吹填标高与地基处理后的地面标高之差）、总沉降量。

图 5.6-16 地基处理示意图

（1）虚铺厚度

对 0～4m 人工吹填珊瑚砂与珊瑚枝混合地层进行处理，处理前干密度 ρ_d 为 1.50g/cm³，处理后干密度 ρ_d 达到 1.60g/cm³，经计算，地基处理期间变形（即需要的虚铺厚度）为 230mm，计算过程见表 5.6-2。施工现场共布置 5 个地基处理试验区，地基处理过程中观测地面沉降量为 200～300mm，其中试验区Ⅰ中 4 个观测点的碾压变数 N-高程关系曲线见图 5.6-17。

地基处理期间变形计算表　　　　　　　　表 5.6-2

地层厚度 /m	初始干密度 /（g/cm³）	处理后干密度 /（g/cm³）	$\Delta\rho_d$ /（g/cm³）	压缩变化 $\Delta\delta$	处理期间预测沉降 /mm
4.0	1.50	1.60	0.10	0.0575	230.0

虚铺厚度的计算结果与地基处理后沉降观测成果较接近，验证了该计算方法的可靠性，为采用同样的计算公式进行总沉降预测提供了依据。

（2）总沉降

机场跑道宽 B 为 60m，荷载 P 为 120kPa。除了道面荷载外，地基自重也是地基产生缓慢压缩变形的重要因素，机场跑道总沉降量计算简图见图 5.6-18，计算过程见表 5.6-3。依据计算，该跑道总沉降量为 115.5mm，满足工后沉降不大于 300mm 的设计要求。

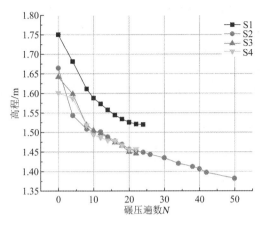

图 5.6-17　地基处理试验区 I 沉降观测曲线

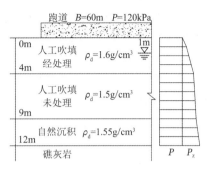

图 5.6-18　总沉降计算简图

工后沉降计算表　　　　　　　　　　表 5.6-3

成因	地基处理	地层深度/m	初始干密度 ρ_d/（g/cm³）	跑道压力 P/kPa	平均自重应力 P_z/kPa	$P+P_z$/kPa	$\Delta\rho_d$/（g/cm³）	压缩变化 $\Delta\delta$	分层沉降/mm	总沉降/mm
人工吹填	振动碾压	1.0	1.60	120.00	9.56	120.56	0.0073	0.0042	4.2	
		2.0	1.60	120.00	24.01	144.01	0.0082	0.0047	4.7	
		3.0	1.60	120.00	33.81	153.81	0.0087	0.0050	5.0	
		4.0	1.60	120.00	43.61	163.61	0.0093	0.0053	5.3	
人工吹填	未处理	5.0	1.50	120.00	53.21	172.21	0.0230	0.0132	13.2	115.5
		6.0	1.50	120.00	62.62	182.62	0.0250	0.0144	14.4	
		7.0	1.50	120.00	72.03	192.03	0.0260	0.0150	15.0	
		8.0	1.50	120.00	81.44	201.44	0.0270	0.0155	15.5	
		9.0	1.50	120.00	90.85	210.85	0.0280	0.0161	16.1	
自然沉积	未处理	10.0	1.55	120.00	100.35	220.35	0.0123	0.0070	7.0	
		11.0	1.55	120.00	109.96	229.96	0.0128	0.0074	7.4	
		12.0	1.55	120.00	119.56	239.56	0.0133	0.0077	7.7	

参考文献

[1]　龚晓南. 高等土力学[M]. 杭州: 浙江大学出版社, 1998.

[2]　J. A. Knappett, R. F. Craig. CRAIG'S SOIL MECHANICS(EIGHTH EDITION)[M]. Spon Press, 2012.

[3]　James K. Mitchell, Kenichi Soga. Fundamentals of Soil Behaavior(Thrid Edition)[M]. JOHN WILEY & SONS, INC., 2005.

[4]　余湘娟, 董卫军, 殷宗泽. 软土次固结系数与压力的关系[J]. 河海大学学报(自然科学版), 2008, 36: 63-66.

[5]　余湘娟, 殷宗泽, 高磊. 软土的一维次固结双曲线流变模型研究[J]. 岩土力学, 2015, 36(2): 320-324.

[6] McDowell G R, Khan J J. Creep of granular materials[J]. Granular Matter, 2003, 5: 115-120.

[7] YIN J H. A New Simplified Method and Its Verification for Calculation of Consolidation Settlement of a Clayey Soil with Creep[D]. The Hong Kong Polytechnic University, 2016.

[8] Poul V. Lade, M. ASCE, Carl D. Liggio Jr., etl. Strain Rate, Creep, and Stress Drop-Creep Experiments on Crushed Coral Sand[J]. Journal of Geotechnical and Geoenvironmental Engineering, 2009, 7: 941-953.

[9] Dae Kyu Kim. Comparisons of Overstress Theory with an Empirical Model in Creep Prediction for Cohesive Soils[J]. KSCE Journal of Civil Engineering, 2005, 9(6): 489-494.

[10] 住房和城乡建设部. 土工试验方法标准: GB/T 50123—2019[S]. 北京: 中国计划出版社, 2019.

[11] 林宗元. 岩土工程试验监测手册[M]. 北京: 中国建筑工业出版社, 2005.

[12] 李建光, 张其昌, 王笃礼, 等. 细颗粒珊瑚砂、石英砂、黏性土蠕变特征对比研究[J]. 岩土工程技术, 2022, 36(4): 340-344.

[13] 王笃礼, 肖国华, 李兴, 等. 基于振动碾压下沉量对比的一种珊瑚砂次压缩系数推测方法[J]. 岩土工程技术, 2019, 33(2): 75-78.

[14] 王笃礼, 李建光, 李兴. 基于干密度指标的珊瑚砂吹填地基机场跑道沉降计算[J]. 岩土工程技术, 2020, 34(2): 106-110.

第6章

工程监测

地基沉降是地基工程中一个重要的控制指标。特别是对于深厚吹填的珊瑚砂地基，由于吹填珊瑚砂物理力学性质的复杂性，同时受到水文地质条件、施工工艺和环境变化等多种因素的影响，地基沉降难以预测。

本工程吹填珊瑚砂地基处理方式的可行性和道基沉降计算方法的有效性，都需要及时、准确的沉降监测数据来进行验证和支撑。研究和分析沉降监测数据，可以优化设计方案，提高施工效率和质量，节约工期和成本。因此，吹填珊瑚砂道基的沉降监测工作是必不可少的。

根据本工程的工作进度，沉降监测工作主要可分为两个阶段：

（1）第一阶段，珊瑚砂地基处理试验研究期间的沉降监测；

（2）第二阶段，吹填珊瑚砂道基施工完成后至工程竣工期间的沉降监测。

6.1 第一阶段工程监测

为了验证地基处理方案的可行性，确定大面积施工的工艺参数，以及地基处理检测标准，本工程选取了 5 块典型场地开展了地基处理试验研究。地基处理试验过程中，在每个试验区域均布置了监测点进行沉降监测。

监测范围可分为试验区和试验区外两部分。

监测周期可分为地基处理试验阶段和地基处理试验完成后至沉降稳定阶段。

6.1.1 监测点布置

根据地基处理试验方案，在新吹填珊瑚砂场地和早期吹填珊瑚砂场地进行表层沉降监测和分层沉降监测，在试验区内设置 24 个地表沉降监测点（编号：Y1～Y24）、4 个地表深层沉降监测点（编号：T1～T4）和 10 个分层沉降监测点（编号：FC1～FC7、FC11～FC13）；在试验区外设置 15 个地表沉降监测点（编号：MJ0～MJ14）和 3 个分层沉降监测点（编号：FC8～FC10）。监测点一览表见表 6.1-1。

试验区和试验区外监测点平面位置分布见图 6.1-1，试验区内监测点平面位置分布见图 6.1-2～图 6.1-6。

监测点一览表

表 6.1-1

编号	分布区域	监测点编号	监测点类型
1	试验区 I	Y1、Y2、Y3、Y4	地表沉降监测点
		FC1、FC2	分层沉降监测点

编号	分布区域	监测点编号	监测点类型
2	试验区Ⅱ	Y5、Y6、Y7、Y8、Y9、Y10	地表沉降监测点
		T1、T2、T3、T4	地表深层监测点
		FC3、FC4、FC5	分层沉降监测点
3	试验区Ⅲ	Y11、Y12、Y13、Y14	地表沉降监测点
4	试验区Ⅳ	Y15、Y16、Y17、Y18	地表沉降监测点
		FC6、FC7	分层沉降监测点
5	试验区Ⅴ	Y19、Y20、Y21、Y22、Y23、Y24	地表沉降监测点
		FC11、FC12、FC13	分层沉降监测点
6	试验区外	MJ0、MJ1（MJ1B）、MJ2、MJ3、MJ4、MJ5、MJ6、MJ7、MJ8、MJ9、MJ10、MJ11、MJ12、MJ13、MJ14	地表沉降监测点
		FC8、FC9、FC10	分层沉降监测点

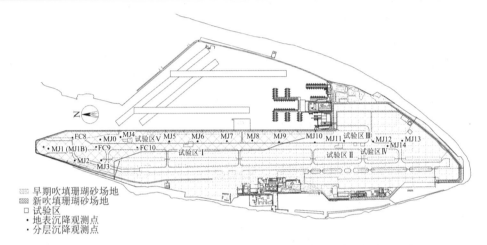

图 6.1-1　试验区和试验区外监测点布置示意图

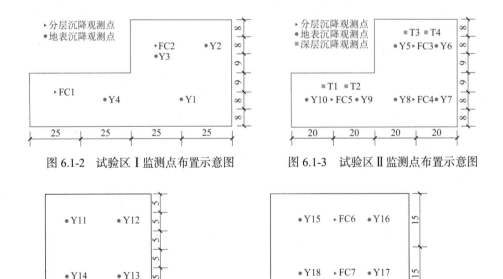

图 6.1-2　试验区Ⅰ监测点布置示意图

图 6.1-3　试验区Ⅱ监测点布置示意图

图 6.1-4　试验区Ⅲ监测点布置示意图

图 6.1-5　试验区Ⅳ监测点布置示意图

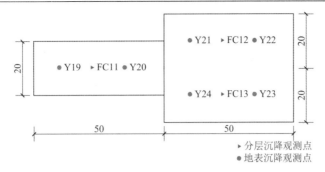

图 6.1-6　试验区 V 监测点布置示意图

1. 地表沉降监测点和地表深层监测点的埋设

地表沉降监测点和地表深层监测点的埋设（图 6.1-7），先在地表钻孔，然后将制作好的监测标志（直径 30mm 的预制钢筋，长度为 800mm）埋入，四周再用粗砂填实，同时设保护套及盖板。

2. 分层沉降监测点的埋设

（1）采用 XY-100 型钻机成孔，钻孔直径 108mm，钻孔深度以进入礁灰岩不小于 1.0m 控制。

（2）根据钻孔深度，选择足够数量的 PVC 管，各段 PVC 管外部在预定测点位置安装磁感应沉降环。

（3）最下段 PVC 管管底封闭后，将 PVC 管逐段拼接后放入钻孔中。

（4）PVC 管管底到达钻孔底部后，在钻孔孔壁与PVC 管管壁之间的空隙中充填细中砂，以使感应环能够随着土层垂向变化而上下移动。

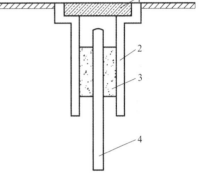

1—保护盖；2—钢管；3—粗砂；4—钢筋

图 6.1-7　地表沉降监测点和深层
监测点的埋设示意图

（5）PVC 管管顶高于地表，并在管顶做好标记，作为沉降监测时的参照。

（6）及时加盖封闭管口，以避免填料落入管内，影响传感器下沉的自由度。

（7）监测点周边一定范围内采用人工填土密实，避免机械破坏。

分层沉降监测点埋设过程见图 6.1-8～图 6.1-11。

图 6.1-8　PVC 管安装磁感应沉降环

图 6.1-9　管顶及时加盖封闭管口

图 6.1-10　PVC 管逐段拼接及放入钻孔　图 6.1-11　分层沉降监测点保护标识

6.1.2　监测基准布置

监测基准点是监测工作的基础。监测基准点的选设必须保证点位坚实稳定、通视条件好，利于标志长期保存和观测。

1. 监测基准点布置

综合考虑监测体系的稳定性要求和本工程监测高精度要求，在本工程拟建区域以外，

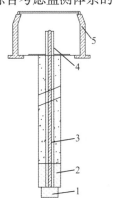

布置了 3 个深层基准点（编号：JZ1、JZ2、JZ3），埋置深度为 12～15m，埋设至礁灰岩中。

深埋基准点的埋设方法为：采用 SH-30 型地质钻机钻孔至预定深度，钻孔完成后将内、外管一次下放至孔内，并使带有水准标志的内管（直径 20mm）管底嵌入稳定地层，在外管与内管之间填充细砂，在外管外侧灌注混凝土填料进行固定（图 6.1-12）。基准点安设完毕后，砌置保护井并加盖保护。

在整个监测过程中对基准点之间进行常规检查，保证基准点稳定。

2. 监测基准网观测及检核

1—钻孔底；2—钻孔（内填）；3—内管；
4—外管；5—保护井

图 6.1-12　深埋基准点埋设示意图

在 3 个深层基准点的基础上，本工程另布置 9 个工作基准点，从而使得每平方公里范围内分布 1～2 个基准点或工作基准点。工作基准点深度为 1.0m，采用直径 30mm 的钢筋作为点位标记。

为了与机场既有高程系统保持一致，以机场建设单位提供的 BM1A 点为起算点进行起算，将深层基准点组成闭合水准环，采用 DINI03 电子水准仪和配套条码尺，按照国家二等水准测量的方法往返观测两次，观测高差取平均，作为沉降监测已知基准点间高差的检核数据。采用测量控制网平差系统进行严密平差计算，求得其余各基准点的高程，作为基准点高程初始值，以后其他各次检查均为单次往返观测。

工作基准点，以相近的深层基准点为起算点进行起算，将其他工作基准点组成闭合水准环，采用 DINI03 电子水准仪和配套条码尺，按照国家二等水准测量的方法往返观测两次，观测高差取平均，作为沉降监测已知工作基点间高差的检核数据。采用测量控制网平

差系统进行严密平差计算，求得其余各工作基准点的高程，作为工作基准点高程初始值，以后其他各次检查均为单次往返观测。

沉降监测按照国家二等水准技术要求执行。采用电子水准仪的技术要求详见表 6.1-2～表 6.1-4。

数字水准仪技术要求　　　　　　　　　　　　表 6.1-2

仪器类别	视线长度/m		前后视距差/m		视距差累积/m		视线高度/m		数字水准仪重复测量次数
	光学	数字	光学	数字	光学	数字	光学	数字	
DSZ1DS1	≤50	≥3 且 ≤50	≤1.0	≤1.5	≤3.0	≤6.0	≥0.3	≥0.55 且 ≤2.8	≥2 次

沉降监测基准网观测主要技术要求　　　　　　表 6.1-3

变形测量等级	相邻基准点高差中误差/mm	每站高差中误差/mm	往返较差、附合或环线闭合差/mm	检验已测高差较差/mm	使用仪器、观测方法及要求
二等	±1.0	±0.3	$\pm 0.6\sqrt{n}$	$\pm 0.8\sqrt{n}$	用 S05 级水准仪，按国家二等水准观测的技术要求施测

沉降监测监测点观测技术要求　　　　　　　　表 6.1-4

变形测量等级	变形点的高程中误差/mm	相邻变形点高差中误差/mm	往返较差、附合或环线闭合差/mm	使用仪器、观测方法及要求
二等	±1.0	±0.5	$\pm 0.6\sqrt{n}$	用 S05 级水准仪，按国家二等水准观测的技术要求施测

注：n = 测站数。

3. 监测基准网检核

深层基准点每 3 个月检查 1 次，工作基准点在第 1 次使用前，先与深层基准点进行联测检查，检查点间高差结果满足检核要求时再使用。

深层基准点的稳定性检查是通过定期同精度检查基准点间的高差进行的，检查当期点间高差与初始点间高差的较差值，以绝对值 1mm 为限。

监测期间，共对监测基准网进行了 6 次检查，基准点间最大差值为 0.83mm，未超出限差；对工作基准点进行了 13 次复测，工作基准点间最大差值为 0.92mm，未超出限差，说明监测基准在监测期间是稳定的。

6.1.3　监测设备

本工程采用的主要监测仪器设备见表 6.1-5。

主要监测仪器设备表　　　　　　　　　　　　表 6.1-5

序号	仪器型号	精度规格	单位	数量	产地
1	DINI03 电子水准仪	±0.3mm/km	台	2	美国
2	FC-50 分层沉降仪	±1mm	台	1	中国

6.1.4　监测要求

1. 监测频率

（1）早期吹填珊瑚砂场地：前 2 周，每周 1 次；以后每月 1 次；

（2）新吹填珊瑚砂场地：前 4 个月，每周 1 次；以后每半月 1 次，持续 4 个月；往后每月 1 次。

2. 监测精度

监测精度要求小于 1mm。

3. 监测终止条件

满足以下两个条件之一即可终止：

（1）暂定终止时间为 2018 年 2 月 28 日；

（2）沉降量小于 4mm/100d，即 0.04mm/d。

6.1.5 数据采集与处理

1. 地表沉降监测点和地表深层监测点的数据采集与处理

地表沉降监测点和地表深层监测点首次独立观测采用双往返观测。双往返观测值校核误差，满足设计精度要求后，取平均值作为初始观测值，利用专业平差软件对监测点进行数据处理，计算出所有监测点严密平差后的高程值作为初始高程值。

外业监测结束后，及时整理外业监测数据，对数据进行检查，往返观测高差校差满足要求后取平均值，并统计闭合差。确认外业监测数据准确无误后，进行内业计算。

对首期监测数据进行数据处理，计算出各监测点的首期高程值 h_0，作为计算各点累计沉降量的初始值。从第二期监测开始，对监测数据进行数据处理后，计算出本期各监测点的高程值 h_i，进而计算出各期监测的相邻沉降量 Δh 和累计沉降量 $\sum h$。

各期监测的相邻沉降量 Δh：

$$\Delta h = h_i - h_{i-1} \tag{6.1-1}$$

累计沉降量 $\sum h$：

$$\sum h = h_i - h_0 \tag{6.1-2}$$

式中：h_i——该期的监测点高程值；

h_{i-1}——与该期相邻的上一期次的监测点高程值。

2. 分层沉降监测点的数据采集与处理

分层沉降监测点埋设完成 5 天后进行监测。首期独立监测 2 次，以后每期监测 1 次。首先按照二等水准技术要求，连续监测管口高程，然后根据施工进度和监测频率进行分层沉降监测。

分层沉降数据采集时，拧松绕线盘后面的止紧螺丝，让绕线盘自由转动；按下电源按钮（电源指示灯亮），将测头放入监测 PVC 管内；手拿钢尺电缆，让测头缓慢地向下移动。

当测头接触到磁感应沉降环时，接收系统发出蜂鸣提示音，记录钢尺电缆在管顶处的深度尺寸，称为进程读数 G_i，然后依次测量至管底。测量至管底后，由管底收回测头时，测头再次通过磁感应沉降环，接收系统发出蜂鸣提示音，记录钢尺电缆在管顶处的深度尺寸，称为回程读数 B_i，然后依次测量至管顶。

各磁感应沉降环的实际深度 S_i：

$$S_i = (G_i + B_i)/2 \tag{6.1-3}$$

式中：G_i——测点 i 在进程读数时距管顶的深度；

B_i——测点 i 在回程读数时距管顶的深度。

各磁感应沉降环的高程H_i：

$$H_i = h_0 - S_i \tag{6.1-4}$$

式中：h_0——管顶高程。

6.1.6　监测成果

各监测点的监测周期见表 6.1-6。

各监测点监测周期

表 6.1-6

分布区域	地基处理试验时间	监测点编号	监测点类型	监测周期
试验区 Ⅰ	2017 年 3 月 7 日—2017 年 3 月 31 日	Y1、Y2、Y3、Y4	地表沉降监测点	2017 年 3 月 23 日—2017 年 7 月 18 日
		FC1	分层沉降监测点	2017 年 3 月 23 日—2017 年 9 月 18 日
		FC2		2017 年 3 月 23 日—2018 年 5 月 29 日
试验区 Ⅱ	2017 年 3 月 31 日—2017 年 4 月 9 日	Y5、Y6、Y7、Y8、Y9、Y10	地表沉降监测点	2017年4月9日—2017年6月5日
		T1、T2、T3、T4	地表深层监测点	2017年4月9日—2017年6月5日
		FC3、FC4、FC5	分层沉降监测点	2017年4月9日—2017年6月5日
试验区 Ⅲ	2017 年 3 月 31 日—2017 年 4 月 13 日	Y11、Y12、Y13、Y14	地表沉降监测点	2017 年 4 月 13 日—2017 年 5 月 26 日
试验区 Ⅳ	2017 年 4 月 16 日—2017 年 4 月 26 日	Y15、Y16、Y17、Y18	地表沉降监测点	2017 年 4 月 26 日—2017 年 6 月 5 日
		FC6	分层沉降监测点	2017 年 4 月 26 日—2017 年 6 月 5 日
		FC7		2017 年 4 月 26 日—2017 年 10 月 13 日
试验区 Ⅴ	2017 年 8 月 2 日—2017 年 8 月 10 日	Y19、Y20、Y21、Y22、Y23、Y24	地表沉降监测点	2017 年 8 月 10 日—2018 年 7 月 15 日
		FC11、FC12、FC13	分层沉降监测点	2017 年 8 月 10 日—2018 年 5 月 29 日
试验区外	—	MJ0、MJ1（MJ1B）、MJ2、MJ3、MJ4、MJ5、MJ6、MJ7、MJ8、MJ9、MJ10、MJ11、MJ12、MJ13、MJ14	地表沉降监测点	2017 年 7 月 23 日—2018 年 7 月 15 日
		FC8	分层沉降监测点	2017年5月7日—2018年5月29日
		FC9		2017年5月7日—2017年9月29日
		FC10		2017年5月7日—2017年8月1日

1. 试验区 Ⅰ 监测成果

试验区 Ⅰ 的各沉降监测点的沉降量s-时间t曲线见图 6.1-13～图 6.1-15。

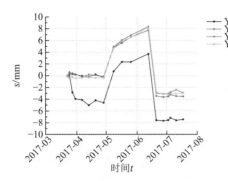

图 6.1-13 Y1～Y4 地表沉降监测点的s-t曲线

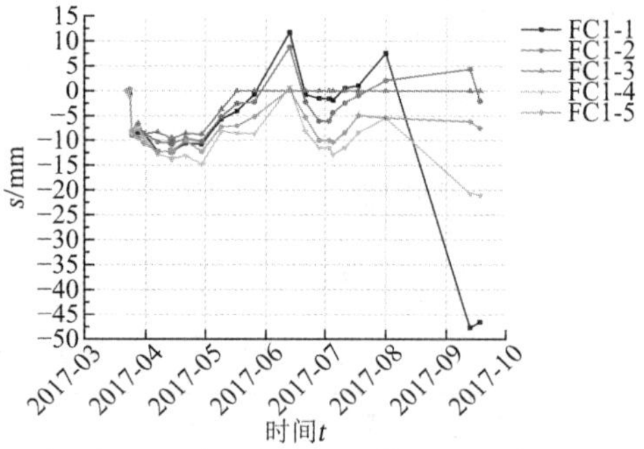

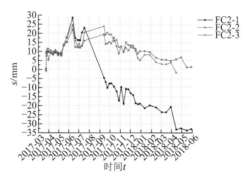

图 6.1-14 FC1 分层沉降监测点的s-t曲线

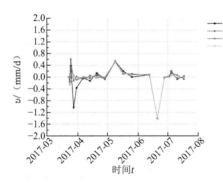

图 6.1-15 FC2 分层沉降监测点的s-t曲线

试验区Ⅰ的各沉降监测点的沉降量速率（υ）-时间（t）曲线见图 6.1-16～图 6.1-18。

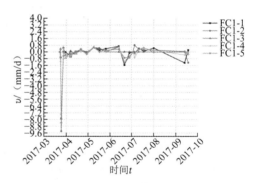

图 6.1-16 Y1～Y4 地表沉降监测点的υ-t曲线

图 6.1-17 FC1 分层沉降监测点的υ-t曲线

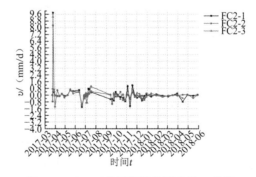

图 6.1-18 FC2 分层沉降监测点的υ-t曲线

2. 试验区 II 监测成果

试验区 II 的各地表沉降监测点的沉降量s-时间t曲线见图 6.1-19～图 6.1-23。

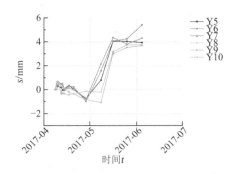
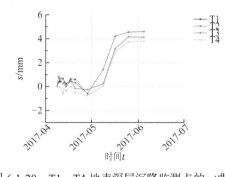

图 6.1-19 Y5～Y10 地表沉降监测点的s-t曲线　图 6.1-20 T1～T4 地表深层沉降监测点的s-t曲线

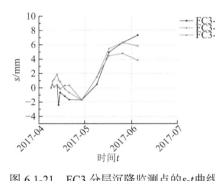
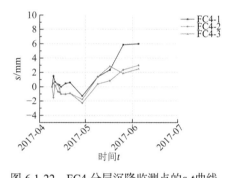

图 6.1-21 FC3 分层沉降监测点的s-t曲线　图 6.1-22 FC4 分层沉降监测点的s-t曲线

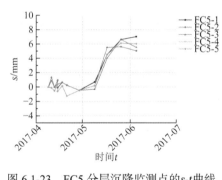

图 6.1-23 FC5 分层沉降监测点的s-t曲线

试验区 II 的各地表沉降监测点的沉降量速率v-时间t曲线见图 6.1-24～图 6.1-28。

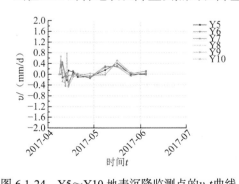
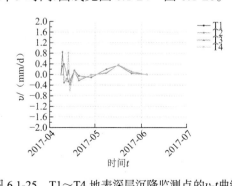

图 6.1-24 Y5～Y10 地表沉降监测点的v-t曲线　图 6.1-25 T1～T4 地表深层沉降监测点的v-t曲线

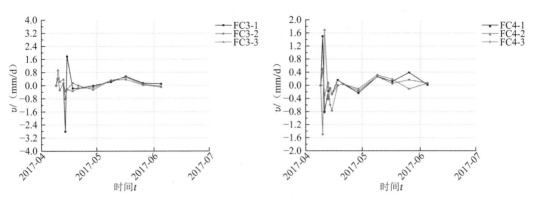

图 6.1-26　FC3 分层沉降监测点的v-t曲线　　　　图 6.1-27　FC4 分层沉降监测点的v-t曲线

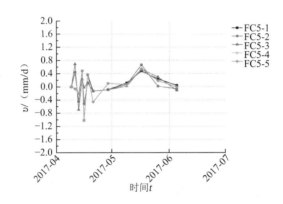

图 6.1-28　FC5 分层沉降监测点的v-t曲线

3. 试验区Ⅲ监测成果

试验区Ⅲ的各地表沉降监测点的沉降量（s）-时间（t）曲线见图 6.1-29。

试验区Ⅲ的各地表沉降监测点的沉降量速率（v）-时间（t）曲线见图 6.1-30。

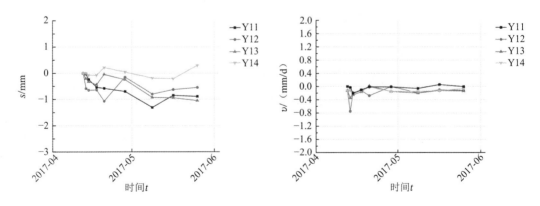

图 6.1-29　Y11～Y14 地表沉降监测点的s-t曲线　　　图 6.1-30　Y11～Y14 地表沉降监测点的v-t曲线

4. 试验区Ⅳ监测成果

试验区Ⅳ的各地表沉降监测点的沉降量s-时间t曲线见图 6.1-31～图 6.1-33。

试验区Ⅳ的各地表沉降监测点的沉降量速率v-时间t曲线见图 6.1-34～图 6.1-36。

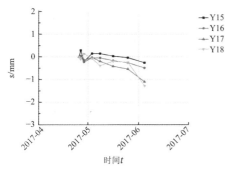

图 6.1-31　Y15～Y18 地表沉降监测点的 *s-t* 曲线

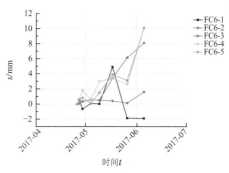

图 6.1-32　FC6 分层沉降监测点的 *s-t* 曲线

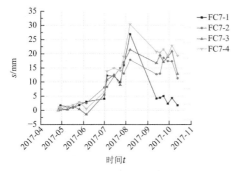

图 6.1-33　FC7 分层沉降监测点的 *s-t* 曲线

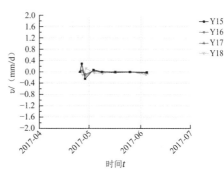

图 6.1-34　Y15～Y18 地表沉降监测点的 *v-t* 曲线

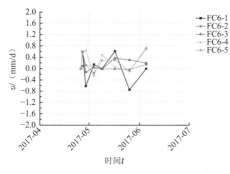

图 6.1-35　FC6 分层沉降监测点的 *v-t* 曲线

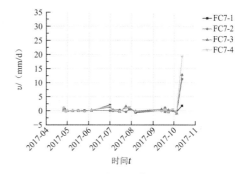

图 6.1-36　FC7 分层沉降监测点的 *v-t* 曲线

5. 试验区 V 监测成果

试验区 V 的各地表沉降监测点的沉降量（ *s* ）-时间（ *t* ）曲线见图 6.1-37～图 6.1-40。

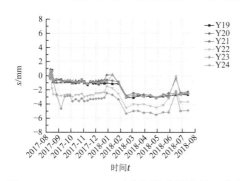

图 6.1-37　Y19～Y24 地表沉降监测点的 *s-t* 曲线

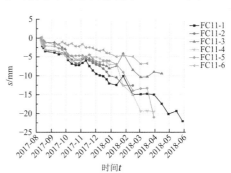

图 6.1-38　FC11 分层沉降监测点的 *s-t* 曲线

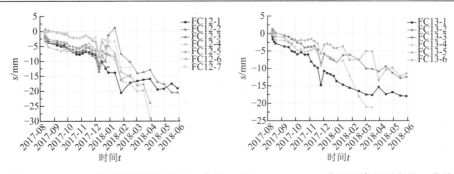

图 6.1-39　FC12 分层沉降监测点的s-t曲线　　图 6.1-40　FC13 分层沉降监测点的s-t曲线

试验区Ⅴ的各地表沉降监测点的沉降量速率(v)-时间(t)曲线见图 6.1-41～图 6.1-44。

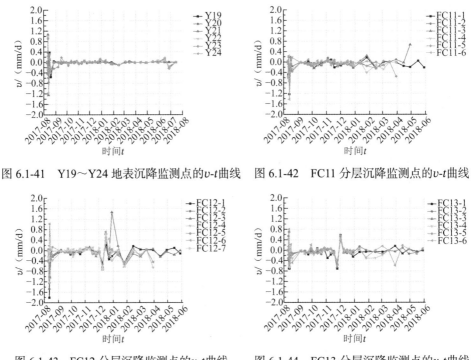

图 6.1-41　Y19～Y24 地表沉降监测点的v-t曲线　　图 6.1-42　FC11 分层沉降监测点的v-t曲线

图 6.1-43　FC12 分层沉降监测点的v-t曲线　　图 6.1-44　FC13 分层沉降监测点的v-t曲线

6. 试验区外监测成果

试验区外的各地表沉降监测点的沉降量s-时间t曲线见图 6.1-45～图 6.1-49。

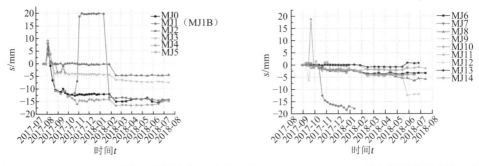

图 6.1-45　MJ0～MJ5 地表沉降监测点的s-t曲线　　图 6.1-46　MJ6～MJ14 地表沉降监测点的s-t曲线

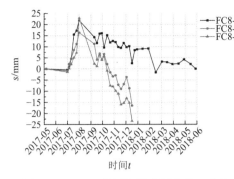

图 6.1-47　FC8 分层沉降监测点的 s-t 曲线

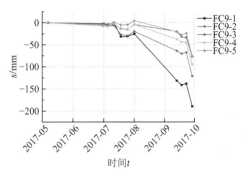

图 6.1-48　FC9 分层沉降监测点的 s-t 曲线

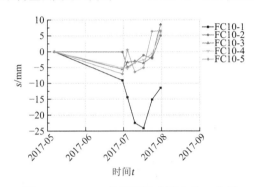

图 6.1-49　FC10 分层沉降监测点的 s-t 曲线

试验区外的各地表沉降监测点的沉降量速率（v）-时间（t）曲线见图 6.1-50～图 6.1-54。

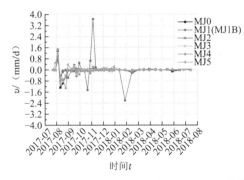

图 6.1-50　MJ0～MJ5 地表沉降监测点的 v-t 曲线

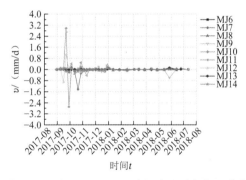

图 6.1-51　MJ6～MJ14 地表沉降监测点的 v-t 曲线

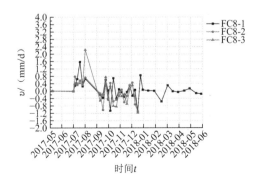

图 6.1-52　FC8 分层沉降监测点的 v-t 曲线

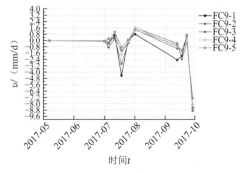

图 6.1-53　FC9 分层沉降监测点的 v-t 曲线

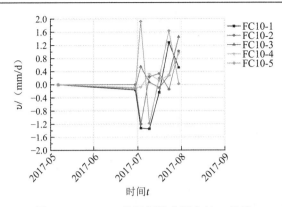

图 6.1-54　FC10 分层沉降监测点的 v-t 曲线

6.1.7　监测成果分析

根据各沉降监测点的监测结果，得出如下结论：

（1）地表沉降最大值为 18.47mm，满足工后沉降不大于 300mm 的要求。工后前 3 个月内沉降量及沉降速率波动明显，规律性较差；工后 3 个月后，沉降变形逐渐趋于稳定，沉降速率满足 0.04mm/d。

（2）综合分析分层沉降数据和地表总沉降数据，地表以下 6m 深度范围内的地基土层是产生工后沉降的主要区域。

6.2　第二阶段工程监测

地基处理完成后，机场跑道进行了施工处理，大部分监测标志已被破坏，为了进一步验证工后沉降，新建跑道地基处理完成后，在跑道轴线方向和两侧土面区布置了监测点进行沉降监测。

监测范围为新建跑道和跑道两侧土面区。监测周期为新建跑道地基处理完成后至工程竣工。

6.2.1　监测点布置

根据地基处理施工图，在新建跑道和跑道两侧土面区进行表层沉降监测，沿新建跑道轴线方向设置 16 个地表沉降监测点（编号：CJ1～CJ16），在新建跑道两侧土面区设置 16 个地表沉降监测点（编号：CJ17～CJ32）。

监测点一览表见表 6.2-1。监测点平面位置分布见图 6.2-1。

监测点一览表　　　　　　　　　　　　　　　　表 6.2-1

编号	分布区域	监测点编号	监测点类型
1	新建跑道	CJ1～CJ16	地表沉降监测点
2	新建跑道两侧土面区	CJ17～CJ32	地表沉降监测点

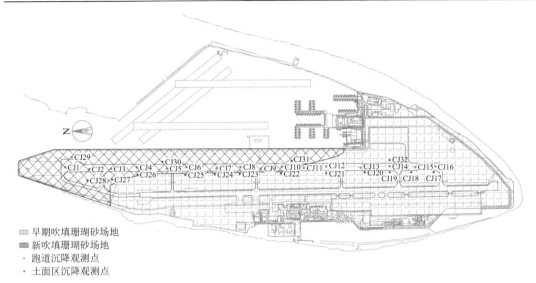

图 6.2-1   监测点布置示意图

6.2.2   监测频次

沉降监测按照国家二等水准技术要求执行，各区域的监测时间和监测频次按照地基处理施工图和监测方案执行。各区域监测点的监测时间和监测频次见表 6.2-2。

各区域监测点的监测时间和监测频次 表 6.2-2

监测频次	监测时间	
	新建跑道	新建跑道两侧土面区
1	2018 年 9 月 4 日	2018 年 9 月 6 日
2	2018 年 9 月 13 日	2018 年 10 月 8 日
3	2018 年 9 月 20 日	2018 年 11 月 5 日
4	2018 年 9 月 29 日	2018 年 12 月 12 日
5	2018 年 10 月 7 日	2019 年 1 月 15 日
6	2018 年 11 月 7 日	2019 年 3 月 6 日
7	2018 年 12 月 10 日	—
8	2019 年 1 月 14 日	—
9	2019 年 2 月 12 日	—
10	2019 年 3 月 6 日	—
11	2019 年 4 月 18 日	—
12	2019 年 4 月 23 日	—
13	2019 年 5 月 21 日	—
14	2019 年 6 月 22 日	—
15	2019 年 7 月 24 日	—
16	2019 年 8 月 24 日	—
17	2019 年 9 月 26 日	—

6.2.3 监测成果及分析

1. 新建跑道监测成果及分析

新建跑道的各沉降监测点的沉降量（s）-时间（t）曲线见图 6.2-2。

新建跑道的各沉降监测点的沉降速率（v）-时间（t）曲线见图 6.2-3。

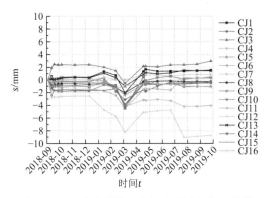 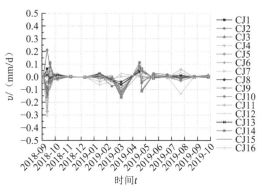

图 6.2-2　新建跑道的地表沉降监测点的s-t曲线　　图 6.2-3　新建跑道的地表沉降监测点的v-t曲线

新建跑道的相邻各沉降监测点之间的差异沉降（$\Delta s/\Delta L$）-时间（t）曲线见图 6.2-4。

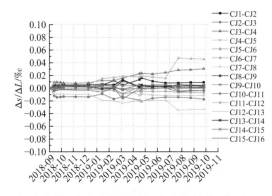

图 6.2-4　新建跑道的相邻各沉降监测点之间的差异沉降$\Delta s/\Delta L$-t曲线

根据监测数据可知：

（1）新建跑道在地基处理完成至工程竣工期间，最大沉降量为 8.74mm，满足工后沉降不大于 300mm 的要求；

（2）沉降变形已趋于稳定，沉降速率基本小于 0.01mm/d；

（3）差异沉降基本小于 0.04‰，最大差异沉降为 0.047‰，满足工后差异沉降不大于 1.5‰的要求。

2. 土面区监测成果及分析

土面区的各沉降监测点的沉降量s-时间t曲线见图 6.2-5。

土面区的各沉降监测点的沉降速率v-时间t曲线见图 6.2-6。

根据监测数据可知：

（1）土面区在地基处理完成至工程竣工期间，最大沉降量为 8.95mm，满足工后沉降不大于 300mm 的要求；

（2）沉降变形已趋于稳定，沉降速率基本小于 0.05mm/d。

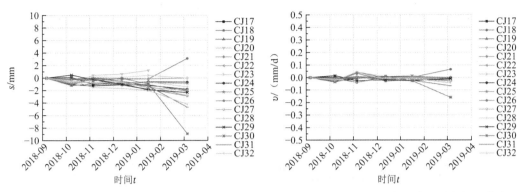

图 6.2-5　土面区的地表沉降监测点的 s-t 曲线　　图 6.2-6　土面区的地表沉降监测点的 v-t 曲线

6.3　岛礁变形监测

北京麦格天宝科技股份有限公司采用 GNSS 自动化监测系统对 Hulhule 机场岛的岛礁整体变形进行了监测，以确定 Hulhule 机场岛的平面位置和高程的变化情况。岛礁变形监测共布置了 6 个监测点（图 6.3-1），监测周期为 2017 年 6 月 6 日—2018 年 7 月 20 日。各监测点累计变形量见表 6.3-1。

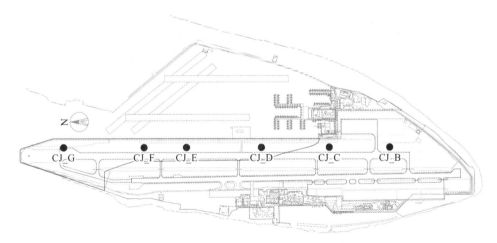

图 6.3-1　岛礁变形监测点平面布置示意图

各监测点累计变形量　　　　　　　　　　　　　　　　表 6.3-1

监测点编号	各个方向累计变形量 s/m		
	dN	dE	dH
CJ_B	0.0014	0.0027	−0.0024
CJ_C	−0.0001	−0.0001	0.0026
CJ_D	0.0008	−0.0012	−0.0017
CJ_E	−0.0003	0.0010	−0.0031

监测点编号	各个方向累计变形量s/m		
	dN	dE	dH
CJ_F	−0.0027	0.0042	−0.0122
CJ_G	−0.0019	−0.0054	−0.0029

各监测点的沉降量（s）-时间（t）曲线见图6.3-2～图6.3-7。

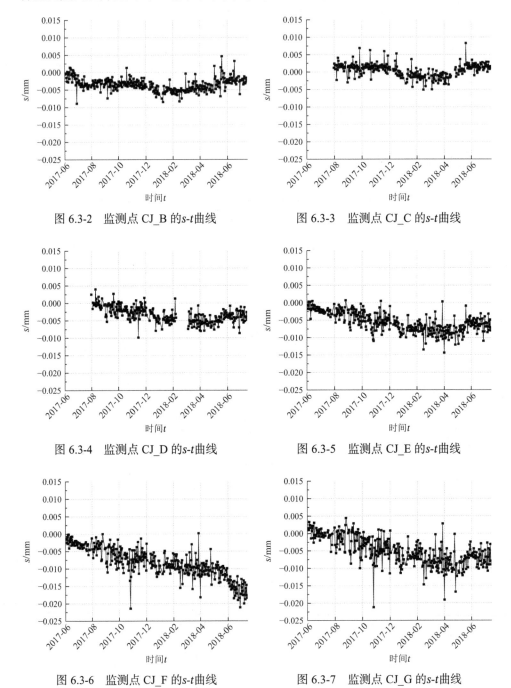

图 6.3-2　监测点 CJ_B 的s-t曲线　　　　图 6.3-3　监测点 CJ_C 的s-t曲线

图 6.3-4　监测点 CJ_D 的s-t曲线　　　　图 6.3-5　监测点 CJ_E 的s-t曲线

图 6.3-6　监测点 CJ_F 的s-t曲线　　　　图 6.3-7　监测点 CJ_G 的s-t曲线

参 考 文 献

[1]　王笃礼, 石俊成, 刘欣, 等. 马尔代夫维拉纳国际机场改扩建项目部分飞行区地基处理第三方监测报告[R]. 北京: 中航勘察设计研究院有限公司, 2018.

[2]　王笃礼, 石俊成, 刘欣, 等. 马尔代夫维拉纳国际机场改扩建项目飞行区沉降监测报告[R]. 北京: 中航勘察设计研究院有限公司, 2019.

马尔代夫维拉纳国际机场改扩建工程由北京城建集团有限责任公司总承包，中国航空规划设计研究总院有限公司负责设计工作，中航勘察设计研究院有限公司负责陆域工程测绘、岩土工程勘察、地基处理试验咨询与设计、工程监测等工作，水利部交通运输部国家能源局南京水利科学研究院等单位负责工程咨询工作。

基于本工程的政治重要性、工期紧迫性、无专门勘察与地基处理设计规范的特点，开展吹填珊瑚砂地基的工程力学性能及地基处理方式的研究，为勘察、设计、施工顺利开展提供科学依据，北京城建集团有限责任公司联合参建单位成立了"远洋吹填珊瑚砂岛礁机场建造关键技术研究与应用"科研团队，共设立了四个子课题：敞开式无围堰珊瑚砂岛礁吹填技术研究、远洋岛礁地貌条件下新吹填陆域护岸工程技术研究、机场跑道吹填珊瑚砂地基处理及变形控制技术研究、机场跑道水泥稳定基层珊瑚砂砾应用技术研究，其中中航勘察设计研究院有限公司负责子课题"机场跑道吹填珊瑚砂地基处理及变形控制技术研究与应用"。

本工程采用室内试验、原位试验、工程监测等系列手段，对吹填珊瑚砂的矿物成分、颗粒形貌、颗粒组成、孔隙特性、击实特性、压缩特性、剪切特性、渗透特性、密实程度、承载能力等进行了系统研究；通过地基处理试验，研究了地基碾压处理的振动方式、洒水量、振动遍数等施工控制指标，确定了地基处理验收检测标准；为本工程的地基处理设计和施工质量控制提供了依据。

基于本工程的工作和研究，探索出了一套针对珊瑚砂场地的勘察方法，编制了中航勘察设计研究院有限公司企业标准，总结了一套评价珊瑚砂地基的原位试验和室内试验方法，首次提出了一套全新的珊瑚砂地基沉降计算方法。

本工程提出了一套机场跑道吹填珊瑚砂地基处理及变形控制技术，获得了成功应用，并在马尔代夫洼地马鲁机场等类似工程中得到了应用和推广。

科研课题"远洋吹填珊瑚岛礁机场建造关键技术研究与应用"，通过了由钱七虎院士组织的科技成果鉴定，该成果达到国际先进水平。

根据业主单位、总承包单位反馈，自 2018 年 9 月 18 日完成新跑道首降以来，跑道道面未出现不均匀变形和翘曲，跑道运行正常，状态良好。

本工程获得了 2021 年度北京市优秀工程勘察设计奖工程勘察综合奖（岩土）一等奖，2021 年度工程建设科学技术进步奖一等奖和 2020 年度华夏建设科学技术奖一等奖，2021

年度工程勘察、建筑设计行业和市政公用工程优秀勘察设计奖一等奖。

本工程在勘察和地基处理方面，发表了科技论文6篇，获得了专利7项。

本工程项目团队主要参与人员有王笃礼、李建光、王瑞永、黎良杰、石俊成、陆亚兵、邹桂高、刘欣、陈文博、王祖平、肖国华、刘云利、刘少波、孙兰宁、孙伟、王璐等。